魏 玮

- ☆ 白求恩奖章获得者，中国中医科学院首席研究员，主任医师，专业二级岗
- ☆ 博士生导师，博士后合作导师
- ☆ 师承国医大师路志正教授

- ☆ "新世纪百千万人才工程"国家级人选
- ☆ 国家中医药领军人才支持计划（岐黄学者）、岐黄中医药传承发展奖传承人奖
- ☆ 国家有突出贡献中青年专家，国务院特殊津贴专家
- ☆ 第七批全国老中医药专家学术经验继承工作指导老师
- ☆ 首届北京中医行业榜样人物、首都名中医、首都中医药"杏林健康卫士"
- ☆ 国家药监局中药管理战略决策专家咨询委员会委员

- ☆ 中华中医药学会监事、中华中医药学会内科学分会副主任委员
- ☆ 中国中西医结合学会消化内镜学专业委员会主任委员
- ☆ 中国中医药研究促进会消化整合医学分会创会会长

- ☆ 国家中医优势专科（脾胃病科）学术带头人
- ☆ 国家重大疑难疾病中西医临床协作项目（溃疡性结肠炎、肠易激综合征）负责人
- ☆ 国家中医药管理局"脑肠同调则治法"重点研究室主任
- ☆ 国家中医药传承创新团队带头人（中医药防治消化道癌前疾病）
- ☆ 功能性胃肠病中医诊治北京市重点实验室主任
- ☆ 科技部国家重点研发计划首席科学家

脑肠同调创新与实践

魏玮 / 编著

科学出版社

北京

内 容 简 介

本书聚焦脑肠轴领域，融合中西医知识，是一部极具价值的医学专著。书中梳理脑肠轴从发现到现代研究的历程，深入剖析脑肠同调理论基础，包含神经、内分泌、免疫等系统与肠道的关联，以及中医视角下脑肠的生理、经络联系。临床应用方面，阐述其在炎症性肠病、功能性胃肠病等疾病中的作用，介绍基于该理论的中药、针灸治疗方法，还有饮食与生活方式调整策略。此外，从脑肠同调理论创新性提出"脑体同调"假说，拓展至全身健康调控，展望脑肠同调理论在中西医结合研究中的前景，分析面临的挑战与未来发展方向，呼吁更多关注，为医学研究与临床实践提供新视角和思路。

本书适于医学工作者、科研人员以及对脑肠健康感兴趣的读者阅读使用。

图书在版编目（CIP）数据

脑肠同调：创新与实践 / 魏玮编著. -- 北京 : 科学出版社，2025.5. -- ISBN 978-7-03-082360-1

Ⅰ. Q939；R277.72

中国国家版本馆 CIP 数据核字第 2025YZ4858 号

责任编辑：刘 亚 鲍 燕 / 责任校对：刘 芳
责任印制：赵 博 / 封面设计：陈 敬

版权所有，违者必究。未经本社许可，数字图书馆不得使用

科学出版社 出版
北京东黄城根北街 16 号
邮政编码：100717
http://www.sciencep.com

三河市春园印刷有限公司印刷
科学出版社发行　各地新华书店经销
*

2025 年 5 月第 一 版　开本：720×1000　1/16
2025 年 6 月第二次印刷　印张：10 1/2　插页：1
字数：195 000
定价：78.00 元
（如有印装质量问题，我社负责调换）

王　序

传承精华、守正创新是党中央对中医药政策的国策。中医药学发展需要现代科学技术为它注入新的生命活力。在继承古人前贤的学术能力的基础上进行发展创新是中医学发展的根本途径。魏玮教授深耕于临床一线，师从国医大师路志正先生，在长期的临床过程当中，他秉持了路老"持中央，运四旁，怡情志，调升降，顾润燥，纳化常"的18字诀，在临床实践中大胆创新，逐渐总结出脑肠同调的理念。

所谓脑，中医所讲脑是五脏神，与心、肝等五脏密切相关。现代医学中所讲的脑，是中枢神经系统表达的方式，罗马委员会提出脑-肠微生态轴理念。魏玮教授深耕临床，近四十年从丰富的临床实践中认识到中枢系统、消化系统共病、跨器官共病是临床工作中的重点问题。基于此，魏玮教授团队提出脑肠同调的治则治法，并荣获了北京市科技进步奖一等奖，中华中医药学会科学技术奖一等奖、中华中医药学会学术著作奖一等奖。

难能可贵的是，在现代医学发展的进程中，他们能够守正中医，不断的融合新技术、新方法进行创新。基于此，我愿意为此书作序，作为对魏教授团队的肯定和支持。期望此书的出版能够给中医诊疗带来新的交叉创新传承的模式。

中国工程院院士
国医大师　王琦

2025年春

丛　序

脑肠关系的研究始于19世纪，当时对神经与消化功能的关联仅有初步观察。随着现代神经科学、胃肠病学、微生物学及分子生物学等学科的交叉融合，脑肠轴的研究体系逐渐形成。脑肠轴是由中枢神经系统、肠道神经系统、自主神经系统以及内分泌、免疫、代谢通路共同构成的双向调节网络。其功能异常已被证实与消化系统疾病、神经精神疾病及代谢性疾病的发生发展密切相关。《脑肠同调 创新与实践》一书系统梳理了该领域的基础研究成果、技术创新路径及临床转化经验，为多学科交叉提供了重要的知识整合平台，也为复杂疾病的防治提供了新的系统医学视角。

在过去近三十年中，脑肠轴的科学内涵经历了从现象描述到机制解析的深化过程。"菌群-肠-脑轴"概念的提出，首次揭示了肠道微环境与中枢神经系统的双向联系。肠道菌群不仅参与营养物质代谢，还通过产生神经递质（如5-羟色胺、γ-氨基丁酸）、短链脂肪酸等代谢产物，经迷走神经传入纤维或血液循环影响中枢情绪调节、认知功能及应激反应。与此同时，中枢神经系统通过自主神经（交感神经与副交感神经）及神经内分泌通路（如下丘脑-垂体-肾上腺轴）调控肠道运动、分泌及黏膜屏障功能，从而形成了"脑-肠"双向调控的生理基础。"脑肠同调"理念的提出，标志着疾病治疗从单一器官靶向向系统网络调节的转变。该理论强调通过干预脑肠轴的关键节点（如肠道菌群、神经递质通路、免疫炎症反应），恢复中枢与肠道系统的动态平衡。近年来，随着技术手段的进步，脑肠同调的实践路径逐步拓展，形成了肠道微生态调控技术、神经调控技术、中西医结合策略等核心干预方向。

《脑肠同调　创新与实践》结合循证医学证据，系统阐述了上述技术在不同疾病领域的应用策略，推动了"生物-心理-社会"医学模式的落地实践。在消化系统疾病中，针对功能性胃肠病的诊疗指南已纳入脑肠同调原则，推荐采用微生态制剂联合认知行为疗法的综合干预方案。对炎症性肠病的研究发现，脑肠轴功能的调控可通过影响肠黏膜修复与免疫耐受延缓疾病复发，调节中枢5-羟色胺再摄取和肠道通透性，可显著改善炎症性肠病患者的生活质量。

该书的学术价值体现在三个方面。其一，打破学科壁垒，整合神经科学、胃肠病学、微生物学及生物工程学的前沿成果，构建了多维度的脑肠轴调控理论框架，为跨学科研究提供了方法论参考。其二，聚焦临床转化，详细阐述了脑肠同调技术的操作规范、疗效评价体系及风险控制策略，解决了基础研究与临床应用之间的转化鸿沟，为基层医疗机构提供了可推广的诊疗方案。其三，前瞻性地提出"精准脑肠调节"概念，强调基于个体基因-菌群-神经免疫特征的个性化干预策略，契合精准医学的发展方向。

书中系统探讨了"脑肠同调"理论，整合了现代医学"脑肠轴"与中医"五脏神""脏腑相关""经络贯通"等理论，从神经、内分泌、免疫及肠道微生物群等多系统解析脑肠双向互动的生理病理机制。结合中医对脑肠生理功能、脏腑经络联系的阐释，构建了中西医融合的跨器官调控理论框架。在临床层面，针对脑肠共病如功能性胃肠病、焦虑抑郁伴胃肠功能紊乱等，提出了"辨证-辨病-辨肠道微生态"诊疗体系，创新了中药复方、针灸及情志疗法等干预手段。同时，书中还展望了理论延伸，从脑肠同调理论创新性提出了"脑体同调"假说，拓展至全身健康调控，探讨了中西医结合中现代技术与中医辨证结合的前景及面临的挑战。全书坚守中医整体观与辨证论治特色，借助现代科学技术解析机制，为中西医结合提供了"理论-实验-临床"全链条范式，对推动医学向"系统健康"转型具有重要意义，为后续中西医临床研究提供了重要的方向指引。

脑肠同调研究的深入发展，本质上是对传统器官独立诊疗模式的突破，是系统医学理念在疾病防治中的具体实践。随着技术创新与机制解析的协同推进，该领域有望在疾病预防、早期诊断及个体化治疗中发挥更大作用，为解决功能性胃肠病、神经退行性疾病、代谢性疾病等复杂慢性病的防治难题提供新的路径，推动医学研究从单一靶点干预向系统网络调节的范式转变。

中国工程院院士

2025 年 5 月

前　言

在消化系统疾病的诊疗领域，功能性胃肠病和消化道炎癌转化等疾病一直是困扰患者、医生和社会的难题。这些疾病发病率高，发病机制复杂，涉及神经、免疫、内分泌等多个系统的紊乱。现有的治疗手段多只能缓解症状，缺乏高级别循证医学证据，难以从根本上解决问题，提升患者生活质量。这不仅使患者饱受折磨，也让医生缺乏有效的长期治疗手段，疾病造成的社会负担沉重。

面对这一严峻挑战，我们团队提出了"脑肠同调"新策略。通过多中心随机对照试验，我们证实"脑肠同调"能同时改善腹胀、腹痛、腹泻等症状及焦虑抑郁状态，降低功能性消化不良、肠易激综合征等疾病的复发率。我们还创建了"脑肠同调"治疗功能性胃肠病的临床疗效评价体系，并运用多组学等方法阐释了其科学内涵。相关研究成果于2024年发表在 International Journal of Surgery 和 Gastri Cancer 等期刊上，并获授权发明专利3项。这一基于中医整体观的新策略，为重大慢性疾病的诊疗提供了新思路，也为消化系统疾病的诊断与治疗开辟了新路径。

"脑肠同调"理论的诞生，源于我们在消化系统疾病临床实践中的长期探索。功能性胃肠病患者常伴有焦虑、抑郁等精神心理症状，且与消化道症状相互影响。溃疡性结肠炎和慢性萎缩性胃炎患者的病情也与精神压力、情绪波动密切相关。中医经典《黄帝内经》中早已揭示了胃肠与脑之间的紧密联系，而现代医学的"脑肠轴"理论也从多个角度阐释了脑与肠的双向互动关系。我们团队在国医大师路志正先生和协和医院柯美云老师的指导下，融合中西医优势，突破传统从肝、脾、肾论治消化系统疾病的局限，创新性地提出了"脑肠同调"治则。我们认为，只有从整体上调节脑与肠的协同关系，打破不良互动循环，才能更有效地治疗这些疾病。

为验证"脑肠同调"理论的科学性与有效性，我们联合国内外优秀团队，开展了基础与临床研究。针对功能性消化不良、肠易激综合征等疾病，我们提出了辛开苦降调枢法、温肾健脾调枢法等治法，并精心组方。例如，胃康宁方治疗功能性消化不良的总有效率达到73.20%，显著高于对照组；温肾健脾调枢方治疗腹泻型肠易激综合征的总有效率为 92.24%，随访 6 个月内复发率仅为 15.79%。在溃疡性结肠炎和慢性萎缩性胃炎的临床研究中，相关方剂也展现出卓越疗效，不仅改善了消化道症状，还缓解了患者的焦虑、抑郁等精神心理问题。

在机制探索方面，我们运用现代科学技术，从分子生物学、细胞生物学、代谢组学、网络药理学等多个维度，深入研究"脑肠同调"的作用机制。我们证实相关中药方剂可调节 Nrf2/ARE 信号通路，增强抗氧化能力，保护胃肠组织；调节脑肠肽分泌，改善胃肠动力；调节神经递质，缓解精神心理症状。代谢组学实验揭示了中药方剂对代谢产物的调节作用，改善能量代谢和肠道菌群。网络药理学研究明确了中药方剂对消化系统和神经系统的综合干预作用。例如，参叶愈疡方可调节免疫平衡，抑制炎症信号通路，修复肠道屏障；芪连消痞方可抑制炎症级联反应，激活抗氧化通路，减少胃黏膜损伤。

"脑肠同调"理论的实践应用取得了显著成果。在临床指南与共识制定方面，我们起草了多项行业标准，如国家中医药管理局印发的《泄泻病（腹泻型肠易激综合征）中医临床路径》等，并牵头制定了多项专家共识和诊疗指南。在新药研发与技术转让方面，我们与企业合作开发了胃康宁胶囊、芪连消痞方等院内制剂，并推进新药研发项目。在学术交流与推广方面，我们团队获得多项荣誉，凭借着"脑肠同调"理论的建立与实践，荣获 2023 年度北京市科技进步奖一等奖、2024 年度中医药十大学术进展之首等光荣称号，并多次受邀参加重要国际学术活动，在国际舞台上宣讲"脑肠同调"理论及应用。并与美国霍普金斯大学等机构开展合作研究，提升了中医药的国际影响力。在人才培养方面，我们通过相关项目研究，培养了一批高层次中医药人才。

2022 年，我们联合跨学科专家主办了"脑肠微生态"主题的第 733 次香山科学会议，并获批国家中医药管理局"脑肠同调治则治法重点研究室"。多年来，众多中医、西医专家和国际知名学者参与了我们的学术会议和合作研究，取得了显著成绩。

然而，"脑肠同调"的创新与实践之路永无止境。我们将继续深入挖掘其生物学基础和科学内涵，运用前沿技术优化治疗方案，研发更先进、高效的药物配方，借助信息技术构建智能化诊疗体系，推动中医药融入现代医学体系，实现精准医疗。我们坚信，"脑肠同调"理论将在人类健康事业中发挥重要作用，为全球患者带来更多的健康福祉与希望。

本书的完成离不开众多老师和朋友的支持与帮助。感谢中国中医科学院荣培晶研究员、美国霍普金斯大学医学院陈建德教授、广州中医药大学刘凤斌教授等专家团队的长期合作与指导；感谢沈岩院士、陈香美院士、王琦院士、丛斌院士、陆建华院士、王伟校长等良师益友的无私帮助；感谢国家中医药管理局、中国中医科学院及附属望京医院为我们提供的优质平台。感谢科技部、国家自然基金委长期对于我们团队的基金投入。同时，感谢科学出版社编辑团队的专业支持，感谢我们团队所有成员的共同努力以及团队成员许爱丽医生带领 30 名研究生[①]对于本书顺利完成的辛勤付出。

中国中西医结合学会消化内镜学专业委员会主任委员
中国中医药研究促进会消化整合分会创会会长、名誉会长
中国中医科学院望京医院脾胃病科主任

记于美国圣地亚哥 DDW 会议间隙
2025 年 5 月 6 日

---

① 30 名研究生名单　姜瀚，韩广卉，武文玉，胡欣欣，饶显俊，周婷婷，白薇，钱紫星，张世翼，刘然，马丽欣，孙巍琪，周瑞甲，张梦佳，柳佳宝，胡好颖，龚卓之，孙梓宽，陈晓霄，张惠瑶，李享蔚，吴所畏，陈磊，李浩，张雪萍，黄国栋，洪添，陈立基，黄钲淇，李家旋。

目 录

王序
丛序
前言

第一章 脑肠同调理论的建立 ... 1
第一节 脑肠轴的发现历程 ... 1
第二节 脑肠同调的研究意义 ... 6

第二章 理论基础 ... 13
第一节 脑肠同调概述 ... 13
第二节 神经系统与肠道 ... 20
第三节 内分泌系统与肠道 ... 37
第四节 免疫系统与肠道 ... 49
第五节 炎症与脑肠同调 ... 51
第六节 肠道微生物群与脑肠同调 ... 57

第三章 中医与脑肠同调之间的联系 ... 68
第一节 脑与肠的中医生理学 ... 68
第二节 脑肠与脏腑学说的联系 ... 89
第三节 脑肠在经络学说中的体现 ... 95

第四章 临床应用与治疗 ... 101
第一节 脑肠同调与疾病 ... 101
第二节 脑肠同调疾病的中医治疗 ... 117

第五章 总结与展望 ... 136
第一节 脑肠同调在中医中的地位与未来发展 ... 136
第二节 中西医结合在脑肠同调研究中的前景 ... 137
第三节 从脑肠同调理论到"脑体同调"假说——疑难病诊治思维的拓展 · 144
第四节 挑战与展望 ... 150
第五节 总结与呼吁 ... 153

第一章 脑肠同调理论的建立

第一节 脑肠轴的发现历程

脑肠轴（gut-brain axis，GBA）是指大脑和肠道之间通过神经、内分泌和免疫等多种机制形成的双向交流系统。这一系统不仅调节着机体的消化、吸收、代谢等生理功能，还深刻影响着情绪、认知、行为等心理过程。脑肠轴的存在，揭示了肠道作为"第二大脑"的重要地位，强调了肠道健康与整体身心健康之间的密切联系。脑肠轴的研究历史可以追溯到19世纪，以下是其发展历程的简要概述。

一、肠道神经系统的发现

19世纪，一位名叫Auerbach的德国科学家用一种原始的光学显微镜发现，肠道内有一个由神经细胞和纤维组成的复杂网络，或称神经丛。这些网络位于环绕肠道的两层肌肉之间。这个神经网络或称为神经丛，后来被命名为Auerbach神经丛，以他的名字命名。Auerbach神经丛也被称为肌间神经丛（myenteric nervous plexus），其中"my"表示肌肉，"enteric"表示肠道。这一神经丛夹在环绕肠道的两层肌肉之间。这是肠神经系统（enteric nervous system，ENS）的首次发现。这个发现是肠神经系统研究的重要里程碑，因为它揭示了肠道内存在着一个复杂的内在神经系统，这个系统能够独立于中枢神经系统进行运作。

二、Bayliss和Starling的工作

19世纪末，英国科学家Bayliss和Starling通过实验发现，肠道内部存在着能

够独立工作的神经细胞，这些细胞可以在没有大脑或脊髓指令的情况下控制肠道的运动。因此得出肠道能够响应内部压力变化，产生一种称为"肠道定律"（law of the intestine）的推进性肌肉运动的结论，这是后来被称为蠕动反射（peristaltic reflex）的现象。这一发现对于后来的神经胃肠学（neurogastroenterology）领域的发展至关重要。

Bayliss 和 Starling 最著名的实验是他们对肠道的"肠道定律"的研究。他们通过在麻醉的动物体内隔离一小段肠道，并研究从肠道内部刺激肠道的效果，模拟了正常肠道内容物可能对肠道壁产生的影响。在他们的实验中，当增加肠道内的压力时，肠道会以一种刻板的行为作出反应，这种反应具有高度的可重复性，引起了他们的注意。当内部压力达到一定程度时，肠道会展示出一种推进性的运动，这种运动由一系列口腔方向的收缩波和肛门方向的放松波组成，这种波形的运动将肠道内容物向肛门方向推进。

他们将这种肠道对内部压力增加的反应称为"肠道定律"。这一发现表明，肠道拥有一种内在的神经系统，能够在没有来自大脑或脊髓的指令下自主运作。这一概念在当时是非常革命性的，因为它挑战了当时关于神经系统的传统理解，即所有的神经系统都必须受到大脑或脊髓的控制。

Bayliss 和 Starling 的实验还揭示了肠道的自主神经系统—肠神经系统。他们发现，即使切断了所有进出肠道的神经，肠道仍然能够保持其推进性运动。这一发现最终引发了对肠神经系统的进一步研究，人们开始认识到肠道拥有自己的复杂的神经网络，这些网络能够独立于中枢神经系统进行运作。

此外，Bayliss 和 Starling 的工作还对后来的医学研究产生了影响。他们的发现帮助医生们理解了一些消化系统疾病的病因，尤其是在那些表现为功能性障碍，但解剖学或化学检查未能发现明显异常的情况下。例如，肠易激综合征（irritable bowel syndrome，IBS）、功能性消化不良（functional dyspepsia，FD）等功能性肠病，可能与肠神经系统的异常有关。

总的来说，Bayliss 和 Starling 的研究不仅增进了我们对消化系统的理解，也为后来的神经胃肠学研究奠定了基础，并且对现代医学，特别是消化系统疾病的诊断和治疗有着重要的意义。他们的工作证明了肠道不仅仅是一个被动的管道，更是一个活跃的、能够自我调节的器官，拥有自己的"大脑"——肠神经系统。Bayliss 和 Starling 最终正确地将"肠道法则"的协调性质与神经联系起来。

三、Ulrich Trendelenburg 的实验

Ulrich Trendelenburg 的实验是对 Bayliss 和 Starling 早期工作的扩展，他通过

一个简单但影响深远的实验进一步探究了肠道的自主性。在 Bayliss 和 Starling 首次发表他们的观察结果 18 年后，Ulrich Trendelenburg 的实验成为研究肠神经系统的一个重要里程碑。

在 1917 年，Trendelenburg 进行了一项关键的实验，他将一段豚鼠的小肠悬挂在一个中空的 J 形管上，这个装置被称为器官浴（organ bath）。在这个实验中，肠段被放置在一个装有温暖营养溶液并充氧的试管中，使得肠段能够在这种人造环境中存活数小时。

Trendelenburg 通过向 J 形管内吹气，模拟了肠道内压力的增加。实验观察到，肠段对这种压力变化做出了反应，产生了一种被称为"蠕动反射"的协调性肌肉运动。这种反射包括一个口腔方向的收缩波和肛门方向的放松波，它们共同作用，将肠道内容物向肛门方向推进。

这个实验的重要意义在于，它证明了即使在没有大脑或脊髓的中枢神经系统控制的情况下，肠段也能够独立地进行反射活动。Trendelenburg 的观察结果表明，肠神经系统具有自主性，能够独立于中枢神经系统进行功能。这一点是通过在器官浴中观察到的肠段的反应来证实的，因为在这种情况下，除了肠道本身，没有其他的器官存在。

Trendelenburg 的实验还引入了现代术语"蠕动反射"，这个术语取代了之前的"肠道定律"，更加直观地描述了肠道实际进行的活动。这个发现对于理解肠神经系统的结构和功能至关重要，因为它揭示了肠神经系统不仅能够响应内部压力变化，还能够独立于中枢神经系统进行复杂的协调活动。

此外，Trendelenburg 的实验还表明，肠神经系统中的神经细胞和纤维构成了一个复杂的网络，这个网络被称为 Auerbach's plexus（或者 myenteric nervous plexus），它位于环绕肠道的两层肌肉之间。这个发现进一步证实了肠道拥有自己的"内在大脑"，它能够控制肠道的多种功能，包括消化和吸收过程。

总的来说，Trendelenburg 的实验不仅展示了肠神经系统的自主性和复杂性，而且为后来的神经生物学和胃肠生理学研究奠定了基础，特别是在理解肠神经系统如何独立于中枢神经系统进行功能方面。这一发现挑战了当时对自主神经系统的传统理解，并为后来的科学家探索肠神经系统的独立功能和它在整体生理中的作用提供了新的视角。

四、Langley 的贡献

1921 年，英国生理学家 J. N. Langley 发表了他的著作《自主神经系统》。传统上，人们认为自主神经系统只有交感和副交感两个分支。然而，Langley 实际上提出了三个分支，包括肠神经系统。肠神经系统在解剖和功能上独立于大脑和脊髓，拥有自己的神经整合和处理能力，有时被称为"第二大脑"。Langley 在他的著作中定义了自主神经系统的三个分支，但后来肠神经系统作为自主神经系统的一个分支的概念逐渐被遗忘。

尽管 Langley 提出了三个分支的概念，但在他去世后，肠神经系统作为自主神经系统一个分支的概念被删除，自主神经系统被简化为只有交感和副交感两个分支。但随着时间的推移，科学界对于自主神经系统的理解不断演变，Langley 的一些原始观点受到了重新评价和认可。近年来，肠神经系统的重要性和独立性重新得到了科学界的关注，这对于临床医学具有潜在的意义。

五、神经递质的研究

20 世纪初，科学家们开始深入探索神经系统中的化学传导机制，尤其是对乙酰胆碱（acetylcholine，简称 Ach）作为神经递质的研究。在这一时期，研究者们通过实验观察和生物化学分析，逐步揭示了乙酰胆碱在神经传导中的关键作用。

首先，研究者们注意到了肌肉收缩与神经刺激之间的关系。通过观察到肌肉在神经刺激后发生收缩，科学家们推测存在一种化学物质能够在神经末梢释放，并传递至肌肉细胞，引起肌肉收缩。这种化学物质最终被鉴定为乙酰胆碱。

随后，Claude Bernard 在 19 世纪对箭毒（curare）的研究为乙酰胆碱作为神经递质的角色提供了重要线索。箭毒能够阻断神经与肌肉之间的传导，但不影响神经和肌肉单独的功能。这一发现表明，箭毒作用于神经肌肉接头，而非自主神经系统的神经效应器接头，暗示了不同类型神经传递的化学机制可能不同。

进入 20 世纪，Henry Dale 和 Otto Loewi 的研究进一步确认了乙酰胆碱作为副交感神经系统的神经递质。他们发现，某些蘑菇中的毒素——毒蕈碱（muscarine）引起的效应与副交感神经刺激相似，而这些效应又与乙酰胆碱的作用相同。这表明乙酰胆碱可能是副交感神经的神经递质。

此外，Dale 的研究还揭示了乙酰胆碱在神经节中的传递作用。他发现，尼古丁（nicotine）能够模拟乙酰胆碱在神经节中的作用，但对神经效应器接头没有影响。这进一步证实了乙酰胆碱在神经传递中的双重角色：在神经节中传递信号，以及在神经效应器接头引起效应器细胞的反应。

然而，乙酰胆碱作为神经递质的身份并非没有争议。一些科学家，如 T. R. Elliott，曾提出如果一种物质能够模拟神经递质的效应，那么它就应该是神经递质。但 Dale 并不接受这一观点，他的研究显示毒蕈碱虽然能够模拟乙酰胆碱的一些效应，但并非所有效应。这表明需要更多的证据来确认乙酰胆碱作为神经递质的地位。

最终，通过化学分析和生物测定的结合，科学家们确认了乙酰胆碱在自主神经系统中的神经递质作用。这一发现为后来的神经科学研究奠定了基础，并为理解神经系统的化学传递机制提供了关键的线索。

在 20 世纪初的研究中，乙酰胆碱的发现和其作为神经递质的角色，标志着神经科学领域的一个重要里程碑。这些研究不仅增进了我们对神经系统工作原理的理解，也为后来的药物开发和疾病治疗提供了理论基础。随着对乙酰胆碱及其受体的深入了解，科学家们能够更精确地调节神经传递过程，为治疗包括阿尔茨海默病、帕金森病和肌无力在内的多种神经性疾病开辟了新的道路。

六、现代研究

20 世纪对于肠道神经系统，即所谓的"第二大脑"的研究过程，是一个充满挑战和重新发现的历程。在 20 世纪初，Bayliss 和 Starling 的开创性工作奠定了肠神经系统研究的基础。他们通过实验发现，肠道能够响应内部压力的变化，展示出一种称为"肠道定律"的反射行为，即使在与大脑或脊髓断开连接的情况下也能独立运作。这一发现表明肠道内存在着一个复杂的神经网络，即后来所称的肠神经系统。

随后，Auerbach 和 Meissner 的工作进一步揭示了肠道内的两个主要神经丛：Auerbach 神经丛和 Meissner 神经丛。这些发现表明，肠神经系统具有高度的复杂性和独立性，能够自主控制肠道的功能。

然而，尽管这些早期的研究为肠神经系统的存在提供了证据，但在 20 世纪的大部分时间里，这一系统并没有得到足够的重视。Langley 在 1921 年出版的《自主神经系统》一书中，尽管提到了肠神经系统，但将其归类为自主神经系统的一部分，并没有充分认识到其独特性和独立性。

直到 20 世纪末，随着神经科学和生物医学研究技术的进步，肠神经系统的研究才重新获得了关注。科学家们开始重新审视肠神经系统，并认识到它不仅仅是一个简单的神经网络，而是一个具有高度自主性和复杂性的"第二大脑"。这一时期的研究揭示了肠神经系统在消化、吸收、免疫反应以及与中枢神经系统的交互中发挥的关键作用。

特别是，科学家们发现肠神经系统中的神经细胞数量与脊髓中的神经细胞数量相当，甚至更多。此外，肠神经系统能够产生和响应多种神经递质，这些神经递质在大脑中也发挥着重要作用，如血清素（serotonin）等。这些发现进一步强调了肠神经系统的重要性，并促进了对其功能的深入研究。

20 世纪末的研究还表明，肠神经系统可能与一系列消化系统疾病有关，包括肠易激综合征（IBS）等功能性肠病。这些疾病的研究和治疗，为理解肠神经系统的作用提供了新的视角和可能性。

七、当前和未来的研究

目前，脑肠轴的研究正在探索如何利用这一系统来治疗各种疾病，包括消化系统疾病、精神疾病和其他慢性疾病等。研究者正在寻找通过调节肠道健康来改善大脑功能和整体健康的方法。此外，肠道内还存在着多种神经递质和激素，它们在脑肠轴的通信中起着重要的角色。现在，人们越来越认识到脑肠轴在健康和疾病中的重要性，以及大脑如何通过神经系统和激素影响肠道健康。许多研究表明，脑肠轴的紊乱与多种消化系统疾病、情绪障碍和神经系统疾病有关。因此，研究脑肠轴的发展历程对于理解和治疗这些疾病具有重要意义。

总之，脑肠轴的发展历程经历了被遗忘和重新发现的过程，随着科学技术的进步，我们对脑肠轴的理解越来越深入，这对于促进健康和治疗相关疾病具有重要意义。

第二节 脑肠同调的研究意义

一、脑肠同调概述

（一）研究背景和意义

脑肠同调，即脑与肠道之间的相互作用和调节，是近年来研究的热点领域。脑肠同调理论强调中枢神经系统与肠神经系统之间的双向交流，这种交流对维持身体的整体健康和疾病的发生发展具有重要影响。随着对脑肠轴的深入研究，越来越多的证据表明，肠道健康不仅仅影响消化系统，还涉及神经系统、免疫系统及内分泌系统等多个方面。因此，探讨脑肠同调的机制及其临床应用，对于提高人类健康水平和改善疾病预防与治疗具有重要意义。

（二）脑肠同调的基本概念

脑肠同调是指大脑和肠道通过神经、免疫和内分泌途径进行双向调节和信息传递。具体而言，大脑通过迷走神经、肠道内分泌细胞及免疫系统调节肠道功能，而肠道微生物群通过代谢产物和信号分子影响大脑的神经递质水平和功能状态。这种复杂的双向沟通不仅对维持生理平衡至关重要，也对心理健康和各种病理状态有着深远的影响。

（三）研究现状

当前，脑肠同调的研究涵盖了多个领域，包括神经科学、免疫学、微生物学以及心理学等。西医学中的研究主要集中在脑肠轴的生理和病理机制，探讨其对精神疾病、代谢疾病等的影响。中医学则从脏腑理论和经络理论出发，对脑肠关系进行解释和治疗。同时，跨学科的研究也逐渐受到重视，通过结合现代医学与传统医学的视角，推动脑肠同调理论的进一步发展和应用。然而，目前的研究还存在诸多挑战和局限性，需要在理论与实践中不断探索和完善。

二、从西医学看脑肠同调

（一）脑肠轴的生理和病理机制

脑肠轴指的是大脑与肠道之间的双向沟通网络，这一网络涉及神经、免疫及内分泌系统。生理机制中，迷走神经作为主要的神经通路，负责传递大脑和肠道之间的信号。肠道内的神经系统被称为"第二大脑"，能够独立处理大部分的肠道信息，同时通过迷走神经与大脑进行相互作用。此外，肠道内分泌细胞分泌的激素，如胃肠激素，也对大脑功能产生影响。

在病理机制方面，脑肠轴失调与多种疾病的发生相关。例如，慢性应激被发现通过影响肠道屏障功能和改变肠道微生物群，导致肠道炎症和功能紊乱，进而影响大脑功能，增加抑郁症和焦虑症的风险。另一方面，肠道内的慢性炎症也会通过释放炎症介质影响大脑，进而引发或加重精神疾病。

（二）脑肠轴与精神疾病的关系

脑肠轴与精神疾病的关系是目前研究的一个重要领域。大量研究表明，肠道微生物群的失衡与多种精神疾病，如抑郁症、焦虑症和孤独症谱系障碍密切相关。肠道微生物能够通过生产神经递质、调节炎症反应及影响血脑屏障的通透性等方式，影响大脑功能。例如，肠道微生物产生的短链脂肪酸（short-chain fatty acid, SCFA）被发现能够调节大脑的炎症状态和神经递质水平，从而对情绪和认知功能产生影响。

临床研究也发现，改善肠道健康可以有效缓解一些精神疾病的症状。比如，益生菌和益生元的干预在一些抑郁症和焦虑症患者中表现出积极的效果。这些发现支持了脑肠轴在精神疾病发生机制中的重要作用，并为新型治疗方法的开发提供了依据。

（三）神经、免疫、内分泌系统的相互作用

脑肠轴的功能依赖于神经、免疫和内分泌系统之间的复杂相互作用。神经系统通过迷走神经和内脏神经与肠道进行交流，调节肠道的运动、分泌和血流。免疫系统在这一过程中起到桥梁作用，肠道中的免疫细胞和炎症介质能够影响大脑的神经传导。例如，肠道中的免疫细胞能够分泌细胞因子，这些细胞因子可以通过血液循环影响大脑的神经传导物质，进而影响情绪和行为。内分泌系统则通过分泌激素，如肾上腺素和皮质醇，调节神经系统的活动和免疫反应。肠道的内分泌细胞分泌的激素能够通过调节大脑的神经元活动和突触可塑性，参与情绪调节和认知功能的调节。

（四）相关疾病的临床表现和治疗

脑肠轴失调在多种疾病中表现出不同的临床特征。例如，肠道疾病如肠易激综合征（IBS）和炎症性肠病（inflammatory bowel disease，IBD）不仅影响消化系统，还与情绪障碍如抑郁症和焦虑症相关。研究发现，治疗这些疾病时，改善肠道微生物群和缓解肠道炎症可以显著改善精神症状。在治疗方面，除了传统的药物治疗外，针对脑肠轴的干预也逐渐受到重视。包括益生菌、益生元、饮食调整和心理治疗等多种方法已被应用于治疗相关疾病。这些方法通过调整肠道微生物群和改善肠道功能，进一步影响大脑的神经递质和情绪状态，为情绪障碍性疾病的治疗提供了新的治疗思路。

三、从中医学看脑肠同调

（一）中医学中的脏腑相关理论

中医学认为，脏腑是人体内部功能系统的基础，具有密切的功能关联。特别是脾胃和脑之间的关系，在中医理论中占据重要地位。脾胃主运化，负责食物的消化吸收，并通过气血的生成影响全身。而"脑为髓之海"，脑的功能依赖于肾精和脾胃的滋养。中医认为，脾胃的健康状态直接影响脑的功能，这种关联在"脏腑经络"理论中得到体现。肠胃的气血充足，可以滋养脑部，从而影响精神状态和认知功能。

（二）中医学对肠胃与精神的关联理解

中医对肠胃与精神的关联有着独特的理解。在《黄帝内经》中，脾胃被称为"后天之本"，其功能失调会影响到心神的稳定。中医认为，脾胃虚弱会导致气血不足，进而影响心神，表现为焦虑、抑郁等精神症状。另外，情绪波动也会影响脾胃的功能，形成恶性循环。比如，长期的情绪压力可以导致脾胃气滞，进一步引发消化系统问题。中医通过调节脾胃功能，来改善精神状态，体现了脏腑之间的相互作用。

（三）传统方剂及现代应用

中医有许多传统方剂用于调理脾胃功能和改善精神状态。例如，四君子汤用于健脾益气，六君子汤则在四君子汤的基础上增加了理气成分，适用于脾胃气滞导致的情绪问题。另一个经典方剂是补中益气汤，具有补脾胃、升阳气的作用，可用于改善由脾胃虚弱引起的情绪低落。

现代研究表明，这些传统方剂在改善情绪障碍方面具有显著效果。例如，研究发现补中益气汤能有效减轻焦虑和抑郁症状，相关机制包括调节神经递质、减轻炎症反应和改善肠道微生态。传统中药方剂通过调节脾胃功能，改善脑部营养供应，进而对精神健康产生积极影响。

（四）经典文献中的脑肠同调思想

经典中医文献中有许多关于脏腑功能关联的理论，这些理论为现代脑肠同调研究提供了基础。在《黄帝内经》中，关于脾胃与心神的关系已有详细描述。例如，《黄帝内经》中提到，"胃不和则卧不安"，类似的观点在《伤寒杂病论》中也有体现，书中提出了脾胃失调导致心神不宁的理论。

这些经典文献中的思想与现代脑肠同调研究的发现相契合，说明古代中医对肠道与大脑之间的关系有着深刻的认识。通过对经典文献的分析，可以更好地理解中医学对脑肠同调的理论基础，并将其与现代医学研究结合，为临床实践提供指导。

四、目前研究的局限性

（一）脑肠同调研究中的挑战

脑肠同调的研究面临许多挑战。首先，脑肠轴的复杂性使得研究难以全面深入。脑肠轴涉及的神经、免疫和内分泌系统之间的交互作用非常复杂，目前的研究大多集中于单一系统，缺乏对系统整体的综合性研究。此外，脑肠轴的动态调节特性增加了实验设计和数据解读的难度。研究人员需要在不同时间点和条件下采集数据，以揭示脑肠轴的真实状态。

其次，个体差异也是研究中的一大挑战。每个人的基因、生活习惯、饮食结构和环境因素不同，这些都可能影响脑肠同调的表现。当前的大多数研究依赖于相对均质的实验样本，未能充分考虑个体差异的影响，这限制了研究结果的普遍性和应用性。

（二）西医学研究的不足之处

在西医学领域，脑肠同调的研究虽然取得了一些进展，但也存在一些不足。首先，现代医学的研究多采用动物模型和体外实验，这些实验结果不一定能准确反映人类的生理和病理状态。例如，动物模型中的脑肠轴调节机制可能与人类存在差异，因此，动物实验的结果在实际临床应用中需要谨慎解释。

其次，西医学的研究往往侧重于疾病的机制探讨，而对脑肠同调的治疗研究相对较少。虽然一些研究已经揭示了脑肠轴在心理疾病中的作用，但对如何通过调节脑肠轴来治疗这些疾病的研究仍不够充分。现有的治疗方法多依赖药物干预，缺乏对整体调节机制的全面理解和应用。

（三）中医学研究的局限性

中医学在脑肠同调的研究中面临局限性。首先，中医理论的科学验证相对不足。尽管中医有丰富的理论体系和临床经验，但许多理论概念如"脾胃"与"脑"的关系缺乏现代科学的实证支持。当前，中医对脑肠同调的研究多停留在理论和经验层面，缺乏系统的机制研究和临床试验。

其次，现代中医研究的标准化和规范化程度不足。中医药的多样性和复杂性，传统中药方剂和治疗方案的研究缺乏一致性，导致研究结果的还原性和可靠性不足。这也限制了中医在脑肠同调领域的应用和推广。

（四）跨学科研究的必要性

鉴于脑肠同调研究中的上述局限性，跨学科研究显得尤为重要。结合现代医学、传统中医学、神经科学、心理学等领域的研究成果，可以更全面地理解脑肠轴的功能和调节机制。跨学科合作不仅能弥补各自领域的不足，还能促进理论与实践的结合，为脑肠同调的研究提供更加全面的视角和解决方案。

未来的研究应加强不同学科之间的合作，采用多种研究方法和技术手段，系统性地探索脑肠同调的机制和应用。这不仅有助于推动科学进步，还能为临床实践提供更为有效的指导和干预措施。

五、脑肠同调理论对临床医学的指导意义和思路

（一）对疾病诊断和治疗的新思路

脑肠同调理论为疾病的诊断和治疗提供了新的思路。传统的医学模式往往将身体各个系统孤立开来，而脑肠同调理论强调了大脑和肠道之间的密切联系。这一理论促使医学工作者在诊断时，不仅关注身体的局部症状，还要考虑到患者的心理状态及其与肠道健康的关系。例如，在治疗消化系统疾病时，医生可以通过评估患者的心理状态，来判断其是否与肠道功能紊乱相关。这种综合性的评估方法，可以提高诊断的准确性，从而为制定个性化治疗方案奠定基础。

此外，脑肠同调理论也启示临床医生在制定治疗方案时，应该考虑多种因素的综合影响。通过调节饮食、改善心理健康、利用益生菌等方法，可以有效地改善患者的整体健康状况。这种多元化的治疗思路在临床应用中展现出了良好的效果，尤其在慢性疾病和功能性疾病的管理上，能够帮助患者更好地控制病情。

（二）脑肠同调在精神疾病治疗中的应用

脑肠同调理论在精神疾病的治疗中发挥了重要作用。越来越多的研究表明，肠道微生物组与精神健康之间存在密切的关系。例如，肠道中的微生物能够通过产生神经递质和炎性因子，影响大脑的功能和情绪状态。因此，针对肠道微生物的干预措施，如益生菌和益生元的应用，正在成为治疗焦虑、抑郁等精神疾病的新策略。脑肠同调理论还为心理健康的预防提供了新方法。调整饮食、加强锻炼和改善睡眠质量等生活方式的改变，可以促进肠道健康，进而提高心理健康水平。这种预防性措施在精神疾病的早期干预中具有重要的意义，能够降低疾病的发生风险，提高患者的生活质量。

（三）综合治疗模式的建立

脑肠同调理论强调了身心健康的整体性，促使医学界探索综合治疗模式的建立。结合现代医学和传统中医学的优势，可以为患者提供更为全面的治疗方案。例如，在消化系统疾病的治疗中，可以采用现代医学的药物治疗，同时辅以中医的针灸、推拿和中药调理，以达到更好的疗效。这种综合治疗模式不仅能改善患者的病理症状，还能关注其心理状态，从而提高患者的整体健康水平。

同时，脑肠同调理论也凸显了多学科合作的必要性。在治疗方案的制定过程

中，医生、心理咨询师、营养师和中医师等专业人员可以共同参与，针对患者的不同需求制定个性化的综合治疗方案。这种多学科的合作不仅有助于提高治疗效果，也能够增强患者的参与感和满意度。

（四）对未来研究的启示

脑肠同调理论为未来的研究提供了重要的启示。首先，未来的研究应着重探讨脑肠同调的机制，特别是如何通过调节肠道微生物组来影响大脑功能。这一领域的研究不仅有助于揭示疾病的病理机制，还能为新药的开发和治疗策略的制定提供科学依据。研究应关注个体差异对脑肠同调的影响。不同个体在基因、生活习惯和环境因素等方面的差异可能导致脑肠同调的不同表现。因此，个性化的研究和治疗方案将成为未来研究的重要方向。

跨学科的合作将是推动脑肠同调研究进展的重要因素。结合不同学科的研究成果，能够更全面地理解脑肠同调的复杂性，为其在临床中的应用提供更多的支持和指导。这将有助于提高患者的健康水平，推动医学的整体进步。

在深入探讨脑肠同调理论的背景、现状以及其在临床医学中的意义后，我们可以得出几个重要结论。脑肠同调理论不仅为理解大脑与肠道之间复杂的相互关系提供了全新的视角，而且在实际应用中展现出了广泛的潜力和应用价值。

首先，脑肠同调理论的研究揭示了大脑和肠道之间的密切联系。现代医学和传统中医学的视角相结合，为这一复杂的生物学现象提供了全面的解释。从西医学的角度看，脑肠轴的生理和病理机制，以及神经、免疫和内分泌系统的相互作用，清楚地表明了肠道微生物组在调节脑功能和情绪中的关键作用。从中医学的视角出发，脏腑相关理论为脑肠互作紊乱，提供了独特的诊疗思路和方法。这种跨学科的结合不仅丰富了理论体系，也为临床实践提供了更多的治疗选项。

脑肠同调理论在精神疾病治疗中的应用显示了显著的成效。越来越多的临床研究表明，通过调节肠道微生物组，可以有效改善抑郁、焦虑等精神健康问题。这一发现为传统的心理治疗方法提供了新的补充，也为未来的治疗方案设计提供了新的方向。然而，当前的研究也暴露出一些局限性和挑战。脑肠同调领域仍面临着研究方法上的困难，例如对脑肠轴理论的具体机制尚不完全明确，个体差异的影响也尚需进一步探讨。此外，西医学和中医学在脑肠同调的研究中各自存在一定的不足，需要通过跨学科的合作和创新研究来弥补这些不足。

这些研究将有助于推动脑肠同调理论在医学领域的应用，为患者提供更为精准和有效的治疗方案。总之，脑肠同调理论不仅提升了我们对大脑和肠道关系的理解，也为临床实践带来了新的启示。通过进一步的研究和探索，我们有望在未来实现脑肠同调理论的全面应用，为疾病的预防和治疗提供更为科学和有效的方法。

第二章 理 论 基 础

第一节 脑肠同调概述

一、脑肠轴的组成

脑肠轴最早是由美国迈克·格尔松教授提出，指的是肠神经系统、自主神经系统与中枢神经系统之间的双向通路，这一理论的发展是基于神经学、胃肠病学、微生物学和内分泌学等多个学科领域的交叉研究。然而人类探索并归纳提出"脑-肠轴"，并进行科学研究记录，却历经了约2000年的时间。近20年，微生物组作为肠-脑信号传导的重要因素的作用已经被发现，并且已经确立了"微生物群-肠-脑"轴的概念。神经元、内分泌、免疫信号等介导了肠道微生物、中枢神经系统与肠神经系统之间的交流，这些平行且相互作用的通路构成了复杂的"脑-肠-微生态"通讯矩阵。脑-肠-微生态的相互作用在生命的前3年（包括产前阶段）进行编程，通过饮食、药物和情绪压力进行终生调节。这种大脑、肠道和肠道微生态之间的环形通信回路处于动态且复杂的平衡，其中任何水平的扰动都会引发整个平衡体系失调[1]。

肠神经系统（ENS）是指在胃肠道内分布的由一级感觉神经元、中间神经元和支配胃肠道活动的运动神经元构成的神经网络。该系统起源于胚胎时期的神经嵴细胞，这些细胞沿着肠壁迁移形成了ENS。人类的ENS包含大约1亿个神经元，其数量与脊髓中的神经元相当。研究表明，即使切断来自外部的所有神经，肠壁内的神经丛仍能维持其功能，使胃肠道的运动依然有规律地进行。由于ENS在神经元构成、分泌的神经递质以及独立完成神经反射等方面与大脑有着高度的相似性，因此ENS也被称为"第二大脑"。ENS在调节胃的收缩、舒张以及分泌活动方面具有重要作用。此外，ENS还参与调控肠道血流量、上皮的物质转运、胃肠免疫反应以及炎症过程，尤其是在肠道肌肉运动（特别是蠕动）中的调节作用尤为显著。

自主神经系统（autonomic nervous system，ANS）中的交感神经和副交感神经也可实现对胃肠运动的调节。比如迷走神经不仅能够增强胃肠蠕动，促进消化腺体分泌，还对消化道黏膜的病变形成和黏膜保护产生影响。自主神经功能的紊乱被认为是消化道疾病的一个重要发病机制，如长期的精神紧张和过度疲劳，可能引起迷走神经的反射性亢进，从而导致胃酸分泌增加和胃运动增强[2]。

中枢神经系统（central nervous system，CNS）通过接收体内外环境的传入信息，经过大脑各级中枢和脊髓的整合，再通过自主神经和神经内分泌系统将调控信号传递至胃肠道的神经丛或直接作用于胃肠道的平滑肌细胞，从而调节胃肠道各部分平滑肌的活动，最终实现对胃肠道功能的调控。

除了神经传导之外，大脑与胃肠道之间还通过内分泌激素进行调节，这种调节主要依赖于脑肠肽。脑肠肽是一类由中枢神经系统、肠神经系统和胃肠道内分泌细胞分泌的小分子多肽，构成了脑肠轴各通路的物质基础，也是其主要作用靶点。这些肽具有神经递质传导和激素分泌的双重功能，主要通过在 CNS、ENS 和胃肠道效应细胞间传递信息来调节胃肠道的运动和分泌，从而实现大脑与胃肠道之间的互动。

肠道和大脑之间在健康和疾病方面的相互影响早已受到重视，而肠道微生物群则是这两个遥远器官之间沟通的关键角色。肠道微生物细胞数量是人体细胞数的 10 倍，基因数量大约是人自身基因数量的 100~1000 倍。在不同的个体（人）中，肠道菌群的种类和每个物种的丰度，受地理、饮食、生活习惯、年龄、宿主遗传等因素影响。目前个体样本（粪便）中能够分离培养的微生物，一般不超过该样本 50%~70%的物种。研究肠道微生物在宿主体内的功能、与宿主的相互作用及其因果关系，以及探索通过干预肠道微生物来进行健康管理和疾病治疗，依赖于深入了解肠道微生物资源。这些资源为研究提供了基础，以帮助我们揭示微生物如何影响宿主健康和疾病发展。另外，存在于肠道和大脑中的屏障，如肠上皮屏障、血脑屏障和血-脑脊液屏障等，是专门的细胞界面。屏障处于接收和传达肠道微生物信号的理想位置，是肠道-微生物群-大脑交流的门户。微生物代谢产物和微生物结构成分等因素能够影响屏障功能，进而导致物质在脑肠轴上异常传递[3]。此外，大脑和胃肠道是关键的感觉器官，负责检测、传递、整合以及响应来自内外环境的信号。在这种感官功能的层面上，肠道和大脑中的免疫细胞不断监测环境因素，触发反应，从而反映机体的生理状态。近年来的研究表明，肠道-大脑轴的相互通信在调节炎症性痛觉、炎症反应以及免疫平衡中起到了重要作用。胃肠道和中枢神经系统持续接收来自环境和内部的信号。为应对这些信号，涉及免疫细胞和神经细胞的复杂网络致力于检测有害刺激,并协调局部及全身的炎症反应。炎症信号通过脑肠轴在两个方向上传递宿主的健康状况,并引发调节反应,帮助恢复平衡或在必要时放大炎症[4]。

"脑-肠-微生态"轴是系统论、整体观指导下,人类历经探索形成的、可用于阐释肠-脑功能的关键调节器,发挥着维持体内平衡、调节肠道和中枢神经系统功能的重要作用。大量的临床前观察表明,功能性胃肠病、肥胖症、抑郁症、阿尔兹海默病发病都涉及脑-肠-微生态通讯的改变。尽管"脑-肠-微生态"系统生物体系的建立有望为诸多复杂疾病新的诊断、治疗开发新的靶标,但由于整个互动体系复杂交错的通讯关系,单一靶点很难突破研究瓶颈。国内外通过对常见的消化系统疾病(例如肠易激综合征、功能性消化不良等功能性胃肠病)、神经系统疾病(帕金森、阿尔兹海默病等)及精神障碍性疾病(抑郁症、双相情感性精神障碍等)的重叠性生物学结构及机制的研究,明确"脑-肠-微生态"在调节肠道和中枢神经系统功能方面的作用。

二、中枢神经系统和肠道神经系统的作用和联系

中枢神经系统(CNS)和肠道神经系统(ENS)是人体内两个重要的神经系统,它们在生理和病理过程中扮演着关键角色。中枢神经系统由大脑和脊髓组成,是人体神经系统的控制中心。它负责处理来自身体各部分的感觉信息,并对这些信息进行解释和响应,以控制身体的运动、行为和认知功能[5]。CNS通过神经元网络进行信息传递,这些神经元通过突触连接,实现快速而复杂的信息处理。此外,CNS还涉及情绪调节、记忆形成和学习等高级功能。肠道神经系统,也称为"第二大脑",因为它能够在没有CNS直接控制的情况下自主运作,是一个复杂的神经网络,包含大约1亿个神经元,分布在胃肠道的各个层次[6]。ENS负责调节胃肠道的多种功能,包括消化、吸收、分泌和运动。它能够独立于CNS运作,但同时也通过迷走神经等途径与CNS进行通信。这种自主性使得ENS能够快速响应并调节胃肠道的多种功能。分泌控制:ENS调节胃肠道内各种消化酶和酸的分泌,这些物质对于食物的分解和吸收至关重要。运动控制:ENS控制胃肠道的蠕动运动,这些运动帮助食物通过消化道,并促进消化和吸收过程。血流调节:ENS通过调节血管的收缩和扩张来控制胃肠道的血流,确保消化过程中充足的氧气和营养供应。局部反射:ENS通过局部反射弧快速响应肠道内的变化,这些反射是胃肠道对腔内变化(如食物的机械和化学刺激)的自动反应。胃肠道反射:如胃-胃反射、胃-结肠反射等,这些反射帮助调节胃肠道对食物的接收和传输。黏膜反射:ENS对胃肠道黏膜的刺激做出反应,调节分泌和运动以适应消化需求。

神经递质和肽类：ENS 使用多种神经递质和肽类作为信号分子，快速传递信息并协调胃肠道功能。与肠道微生物的交互：ENS 与肠道微生物群的相互作用是宿主健康的关键因素。肠道微生物群是数万亿微生物的集合，它们在消化、代谢、免疫和行为等方面发挥着重要作用：ENS 通过微生物-肠-脑轴与肠道微生物群相互作用，影响 CNS 功能和宿主行为。代谢产物：肠道微生物产生的代谢产物，如短链脂肪酸，可以影响 ENS 的功能，并可能通过血液循环影响 CNS。免疫调节：ENS 与肠道微生物群共同参与黏膜免疫系统的调节，影响炎症反应和宿主防御[7]。ENS 的发育和功能受到肠道微生物群的显著影响，这种影响从胚胎时期就开始，并持续到成年[8]。研究表明，肠道微生物群可能影响胚胎神经元的发育，尤其是在无菌（germ free，GF）小鼠模型中观察到的转录组学特征，提示了微生物群对 ENS 早期发育的潜在影响[9]。ENS 的成熟与肠道微生物群多样化：出生后，ENS 的成熟伴随着肠道微生物群的多样化，这可能对 ENS 的功能至关重要。例如，无菌小鼠在出生前表现出的特定细胞激活，对神经元发育至关重要。母体微生物群与 ENS 发育：母体微生物群可能通过影响胚胎发育，进而影响 ENS 的发育。母体肠道微生物区系的代谢产物，如短链脂肪酸（SCFA），可能穿过胎盘影响胎儿 ENS 的形成。ENS 的生理学调节：ENS 通过调节胃肠运动来介导营养物质的作用，这表明营养物质通过影响神经元存活和增殖，可能导致 ENS 解剖结构的改变[10]。此外，肠内分泌细胞（EEC）分泌的激素可以激活肠道神经元，以响应营养检测。微生物群对 ENS 的直接影响：肠道微生物群的组成变化可能直接影响 ENS，导致运动障碍[11]。例如，抗生素治疗改变了 ENS 的神经密度和神经元亚型比例，这表明微生物群与 ENS 之间存在相互作用[12]。ENS 与微生物群的相互作用：ENS 与肠道微生物群相互作用，共同参与宿主生理和病理生理的调节。例如，肠嗜铬细胞可以作为机械传感器，释放 5-HT 以响应机械扩张，影响 ENS 功能。ENS 的免疫调节作用：ENS 不仅控制肠道的运动和分泌，还可能通过分泌细胞因子如 IL-6 来调节免疫细胞的组成，这表明 ENS、免疫系统和微生物群之间存在三方相互作用[13]。ENS 的发育和功能变化：特定的微生物信号，如通过 Toll 样受体（TLR）检测的信号，可以调节 ENS 的结构和功能。这表明微生物群与 ENS 之间的相互作用在 ENS 的成熟和生理调节中起着关键作用。ENS 在儿童和成人中的不同功能表现主要体现在其发育过程和与肠道微生物的相互作用上。ENS 的自主控制功能：ENS 能够独立于 CNS 控制胃肠道的分泌、运动和血流。它由迷走神经支配，并且可以通过交感神经和副交感神经接收来自大脑的信息，进而调节胃肠功能[14]。ENS 的发育：ENS 的成熟伴随着肠道微生物区系的多样化，这可能始于子宫内。研究表明，母体微生物群可能通过影响胚胎发育，进而影响 ENS 的发育。在儿童和成人中，ENS 的形态和活性可能受到肠道微生物群组成的影响，这在不同年龄段可能有所不同。ENS 与肠道微生物的交互：ENS 与肠道微生物群的相互作用对 ENS 的发育和功能至关重要。例如，某些肠道微生物产生代谢产物，如短链脂肪酸可能穿过胎盘影响胎儿 ENS 的形成[15]。此外，婴儿早期的微生物区系受到母体微生物群的影响，这可能对 ENS 的早期发育产生影响[16]。ENS 在青少年生活中的功能：ENS 在青少年时期的进一步发育可能受到肠道微生物区系的调节。例如，抗生素的使用可以改变 ENS 的神经密度和神经元亚型比例，这表明微生物区系对 ENS 的发育和功能具有调节作用。ENS 在成人中的功能表现：在成人中，ENS 的功能表现可能与儿童有所不同。例如，成人的 ENS 可能更加成熟和稳定，而儿童的 ENS 可能仍在发育过程中。此外，成人的 ENS 可能更多地受到饮食、生活方式和环境因素的影响。

CNS 和 ENS 之间存在密切的相互作用。这种联系主要通过神经、内分泌和免疫途径实现。例如，迷走神经是连接 CNS 和 ENS 的主要神经通路，它不仅传递感觉信息，还调节胃肠道的功能[17]。此外，肠道产生的激素和神经递质可以通过血液循环影响大脑，进而影响情绪和行为。中枢神经系统（CNS）和肠道神经系统（ENS）在生理功能上具有密切的相互作用，这些作用主要通过"肠-脑轴"（gut-brain axis）来实现。以下是它们在生理功能上相互作用的几个具体方面。神经传递：ENS 含有超过 1 亿个神经元，可以通过交感神经和副交感神经系统与 CNS 进行交流，形成肠-脑轴。肠道微生物群产生的神经递质和神经调节剂，如多巴胺、5-HT 等，能够激活 ENS，并通过迷走神经将信号传至 CNS，影响情绪和行为；免疫调节：ENS 与肠道免疫系统紧密相连，肠细菌细胞壁的肽聚糖可以激活宿主的黏膜免疫系统，产生炎性细胞因子，这些因子通过外周迷走神经通路或直接通过血脑屏障影响大脑；代谢调节：ENS 参与调节消化、吸收、分泌和血管收缩等胃肠道功能[18]。肠道分泌和血管扩张的耦合使得水和电解质在上皮之间运动，这些功能主要由 ENS 中的特定神经元调节；应激反应：心理压力可以通过 ENS 加剧肠道炎症。研究表明，长期升高的糖皮质激素水平会驱动肠胶质细胞炎症亚群的产生，并通过多种机制影响肠道炎症；微生物-肠-脑轴：肠道微生物群与 ENS 和 CNS 之间存在复杂的相互作用[19]。肠道微生物群的多样性和组成对 ENS 的发育和功能至关重要，可以影响宿主的生理和行为；营养吸收：ENS 通过调节胃肠运动来控制营养物质在肠腔中的转运时间，从而影响其吸收的有效性。食物摄入后，机械和化学刺激激活 ENS 中的初级传入神经元，以刺激运动，进而影响营养物质的吸收；情绪和行为：ENS 调节着体内大部分血清素的产生，血清素是主要的情绪稳定激素。因此，肠道健康在整体情绪健康中起着重要作用，与焦虑和抑郁的发展有关[20]。

CNS 和 ENS 的相互作用在许多疾病的发生和发展中起着重要作用，包括肠易激综合征、抑郁症、焦虑症和帕金森病等。例如，IBS 患者常常表现出 CNS 和 ENS 功能失调，这可能导致肠道运动和感觉异常。研究还发现，肠道微生物群的变化可能通过影响 ENS 和 CNS 的相互作用来影响宿主的行为和情绪[21]。CNS 和 ENS 之间的相互作用对心理健康有着显著的影响。这种相互作用主要是通过肠脑轴来实现的，肠脑轴是一个涉及神经、内分泌和免疫系统的复杂网络，连接着消化系统和大脑。肠脑轴的科学解析为情绪波动与肠胃不适之间的关联提供了新的解释。肠道内的微生物群落，也就是肠道菌群，通过产生代谢产物和信号分子，影响神经传导和免疫反应，进而影响大脑功能和情绪状态。研究表明，肠道菌群的失衡与焦虑、抑郁和应激反应等多种心理健康问题相关。例如，肠道中的益生菌可以产生血清素和 γ-氨基丁酸（γ-aminobutyric acid，GABA），这些神经递质和代谢产物能够直接或间接地影响大脑中与情绪调节相关的神经元活动[22]。

心理压力可以通过肠神经系统加剧肠道炎症，这表明改善患者的精神状态可能是治疗多种疾病的一种强大但未被充分利用的策略。心理压力导致的糖皮质激素水平持续升高，一方面会引起肠道神经胶质细胞发生转变，导致炎症相关的免疫细胞聚集；另一方面还会阻止未成熟的肠道神经元充分发育，引起肠道蠕动障碍[23]。肠脑轴在心理健康治疗中的应用是一个不断发展的研究领域，其科学原理主要是通过神经途径、内分泌途径和免疫系统等途径实现肠道和大脑之间的双向通信。针对肠脑轴的心理疗法，如认知行为疗法和肠道定向催眠疗法，已被证明可以减轻 IBS 患者的肠道症状，并适度影响 IBD 患者的肠道症状，同时减轻两种疾病患者的心理后遗症[24]。生活方式的改善包括规律的体育活动、改善睡眠质量和接触自然环境，有助于维持肠道健康，并且对压力、心理健康、生活质量以及潜在的肠道微生物组有积极影响。特定的饮食干预，如富含水果、蔬菜、全谷物和瘦肉蛋白的地中海式饮食，已被证明可以减轻抑郁症状，这表明饮食通过肠脑轴对心理健康有积极作用。益生菌补充剂和益生元补品可以增加肠道有益微生物的数量，支持肠道健康，并通过肠脑轴对心理健康产生积极影响[25]。粪便微生物移植（fecal microbiota transplantation，FMT）作为治疗重度抑郁症的一种潜在策略，已有研究表明患者在接受 FMT 治疗后症状有显著改善。精神益生菌这是一种新兴的概念，指的是摄入足够量时可能对心理健康有益的活有机体，它们通过影响肠脑轴发挥作用[26]。某些药物可能会改变肠道微生物群的组成，进而影响肠脑轴，为治疗提供了新的可能性。

随着科技进步，个性化医疗逐渐成为可能，识别个人独特的肠道微生物群组成可能促使我们能够定制干预措施来优化肠脑轴功能。这些相互作用显示了 CNS 和 ENS 之间复杂的通信网络，它们共同协调了人体的消化功能、情绪反应以及对各种生理和心理压力的适应。在未来的研究中将继续探索 CNS 和 ENS 之间的复杂联系，并寻找新的治疗策略来改善相关疾病。例如，通过调节肠道微生物群来影响 ENS 和 CNS 的相互作用可能是治疗某些精神疾病和消化系统疾病的新方法。此外，开发针对 ENS 的药物和疗法也可能为治疗胃肠道疾病提供新的选择。总之，肠脑轴是一个多维度的通信系统，它通过多种机制连接肠道和大脑，影响我们的情绪和行为，并为心理健康的维护和疾病的治疗提供了新的视角。

参 考 文 献

[1] 张莉华，方步武.脑肠轴及其在胃肠疾病发病机制中的作用.中国中西医结合外科杂志，2007，（2）：199-201.

[2] 高飞，刘铁钢，白辰，等.脑肠轴与胃肠动力之间相关性的研究进展.天津中医药大学学报，2018，37（6）：520-524.

[3] Aburto MR，Cryan JF. Gastrointestinal and brain barriers： unlocking gates of communication across the microbiota–gut–brain axis. Nat Rev Gastroenterol Hepatol，2024，21（4）：222-247.

[4] Agirman A，Yu Y，Hsiao H. Signaling inflammation across the gut-brain axis. Science，2021，374（6571）：1087-1092.

[5] Kandel E R，Schwartz J H，Jessell T M. Principles of Neural Science，4th Edn. McGraw-Hill，2000，50（6）：823-839.

[6] Zhang L，Wei J，Liu X，et al. Gut microbiota-astrocyte axis： new insights into age-related cognitive decline.Neural Regen Res，2025，20（4）：990-1008.

[7] Marklund U. Diversity, development and immunoregulation of enteric neurons.Nat Rev Gastroenterol Hepatol，2022，19（2）：85-86.

[8] 李军华，段睿，李俍，等. 特立独行的第二脑——肠神经系统. 生理学报，2020，72（3）：382-390.

[9] Cryan JF，Dinan TG. Mind-altering microorganisms： the impact of the gut microbiota on brain and behaviour.Nat Rev Neurosci，2012，13（10）：701-712.

[10] Berthoud HR，Neuhuber WL. Functional and chemical anatomy of the afferent vagal system.Auton Neurosci，2000，85（1-3）：1-17.

[11] Söderholm JD，Perdue MH. Stress and gastrointestinal tract. II. Stress and intestinal barrier function.Am J Physiol Gastrointest Liver Physiol，2001，280（1）：G7-G13.

[12] Agirman G，Yu KB，Hsiao EY. Signaling inflammation across the gut-brain axis.Science，2021，374（6571）：1087-1092.

[13] Hao MM，Stamp LA. The many means of conversation between the brain and the gut.Nat Rev Gastroenterol Hepatol，2023，20（2）：73-74.

[14] Ichiki T，Wang T，Kennedy A，et al. Sensory representation and detection mechanisms of gut osmolality change.Nature，2022，602（7897）：468-474.

[15] Lin HH，Kuang MC，Hossain I，et al. A nutrient-specific gut hormone arbitrates between courtship and feeding.Nature，2022，602（7898）：632-638.

[16] Gershon MD, Margolis KG. The gut, its microbiome, and the brain: connections and communications.J Clin Invest. 2021, 131（18）, e143768.

[17] Zimmerman CA, Huey EL, Ahn JS, et al. A gut-to-brain signal of fluid osmolarity controls thirst satiation.Nature, 2019, 568（7750）: 98-102.

[18] Leonardi I, Gao IH, Lin WY, et al. Mucosal fungi promote gut barrier function and social behavior via Type 17 immunity. Cell, 2022, 185（5）: 831-846.e14.

[19] Loughman A, Staudacher HM. How can I improve my gut health via non-dietary means?Lancet Gastroenterol Hepatol, 2024, 9（1）: 20.

[20] Joly A, Leulier F, De Vadder F. Microbial Modulation of the Development and Physiology of the Enteric Nervous System.Trends Microbiol, 2021, 29（8）: 686-699.

[21] Di Napoli A, Pasquini L, Visconti E. et al. Gut-brain axis and neuroplasticity in health and disease: a systematic review.Radiol Med, 2024, 12（12）: 24.

[22] Aleti G, Troyer EA, Hong S. G protein-coupled receptors: A target for microbial metabolites and a mechanistic link to microbiome-immune-brain interactions.Brain Behav Immun Health, 2023, 32: 100671.

[23] Charitos IA, Inchingolo AM, Ferrante L, et al. The Gut Microbiota's Role in Neurological, Psychiatric, and Neurodevelopmental Disorders.Nutrients, 2024, 16（24）: 4404.

[24] Wellens J, Sabino J, Vanuytsel T, Tack J, Vermeire S. Recent advances in clinical practice: mastering the challenge-managing IBS symptoms in IBD.Gut, 2025, 74（2）: 312-321.

[25] Mottawea W, Sultan S, Landau K, et al. Evaluation of the Prebiotic Potential of a Commercial Synbiotic Food Ingredient on Gut Microbiota in an Ex Vivo Model of the Human Colon. Nutrients, 2020, 12（9）: 2669.

[26] Ahmadi S, Hasani A, Khabbaz A, et al. Dysbiosis and fecal microbiota transplant: Contemplating progress in health, neurodegeneration and longevity.Biogerontology, 2024, 25（6）: 957-983.

第二节　神经系统与肠道

一、肠神经系统

（一）肠神经系统的结构

肠神经系统（ENS）的结构非常复杂，它由两个主要的神经元网络组成：肌间神经丛（auerbach's plexus）和黏膜下神经丛（meissner's plexus）。这两个神经丛通过神经元的连接和交互作用，形成了一个高度复杂的网络，对肠道的功能进行精细的调节。

1. 肌间神经丛

肌间神经丛位于肠道的环形肌层和纵行肌层之间，是 ENS 中最密集的神经网络之一。它由多种类型的神经元组成，包括运动神经元、中间神经元和自主神经元。这些神经元负责接收来自肠道内外的刺激，并将这些信息转化为肌肉收缩或放松的指令，从而调节肠道的运动功能。肌间神经丛中的神经元通过释放神经递质，如乙酰胆碱（acetylcholine，Ach），来激活或抑制平滑肌的活动，实现食物在消化道内的推进。

2. 黏膜下神经丛（submucosal plexus）

黏膜下神经丛位于黏膜下层，靠近肠道的内表面。与肌间神经丛相比，黏膜下神经丛的神经元数量较少，但其功能同样重要。这些神经元主要负责调节肠道的分泌和吸收功能。它们通过释放神经递质和神经肽，如血管活性肠肽（vasoactive intestinal peptide，VIP）和 P 物质（substance P），来控制肠道上皮细胞和腺体的分泌活动，影响水分和电解质的平衡。

3. 神经元类型

ENS 的复杂性不仅体现在它所包含的神经元数量上，还体现在神经元的多样性和它们执行的功能上。

3.1 运动神经元（motor neurons）

运动神经元直接支配效应器，如胃肠道的平滑肌、腺体和血管。它们释放的神经递质，如 Ach，能够激活或抑制肌肉收缩，从而调节肠道的运动功能。

3.2 感觉神经元（sensory neurons）

感觉神经元，也称为初级传入神经元，对机械、化学或温度变化作出反应，并将这些信号转换为神经冲动，传递给中间神经元或直接传递到中枢神经系统。

3.3 中间神经元（interneurons）

中间神经元在 ENS 中起到连接作用，它们接收感觉神经元的信号，处理这些信息，并将其传递给运动神经元或其他神经元。中间神经元的多样性和复杂的网络连接是 ENS 能够执行复杂功能的关键。

3.4 自主神经元（autonomic neurons）

自主神经元主要与 ENS 的自主功能有关，它们调节心率、血压和消化等不自觉的生理过程。在 ENS 中，自主神经元通过释放如去甲肾上腺素等神经递质，影响肠道的血管运动和分泌功能。

4. 神经递质和神经肽

ENS 中的神经元使用多种神经递质和神经肽进行通信，包括但不限于：

①乙酰胆碱（Ach）：一种主要的兴奋性神经递质，能够激活肌肉收缩。

②去甲肾上腺素：通常作为抑制性神经递质，调节血管收缩和肠道运动。

③5-羟色胺（5-hydroxytryptamine，5-HT）：参与调节情绪、疼痛感知以及肠道运动。

④生长抑素：抑制胃肠道分泌和运动。

⑤胆囊收缩素（cholecystokinin，CCK）：刺激消化酶的释放并参与饱腹感的调节。

⑥神经胶质细胞：ENS 中的神经胶质细胞，特别是肠胶质细胞（enteric glia），在 ENS 的结构和功能中发挥着至关重要的作用。

5. 肠胶质细胞的功能

①支持和营养：为神经元提供支持和营养，维持 ENS 的完整性。

②免疫调节：参与局部免疫反应，对炎症过程有调节作用。

③屏障功能：与上皮细胞一起构成肠道屏障，防止有害物质的侵入。

6. 肠胶质细胞的标识

①胶质纤维酸性蛋白（glial fibrillary acidic protein，GFAP）：一种中间丝蛋白，是肠胶质细胞的一种标识。

②波形蛋白：参与细胞骨架的形成，也用于识别肠胶质细胞。

③S-100 蛋白：一种钙结合蛋白，与 GFAP 和波形蛋白一起，用于肠胶质细胞的鉴定。

（二）肠道神经系统的功能

肠道神经系统是消化系统的关键调节器，其功能多样且复杂。这一内在的神经系统不仅独立于中枢神经系统，而且具备高度的自主性，能够自行调节胃肠道的多种生理活动。肠道神经系统的几大核心功能，包括调节肠道运动、控制分泌、血管控制以及免疫调节，这些功能共同确保了消化系统的和谐运作和健康状态。

1. 调节肠道运动

ENS 通过精密的神经网络控制肠道蠕动，这是食物在消化道内推进的主要动力。蠕动波通过环状和纵行肌层的协调收缩，促进食物的机械混合和推进，同时帮助食物与消化酶混合，优化消化效率。ENS 中的运动神经元释放神经递质，如乙酰胆碱，直接作用于平滑肌，引发肌肉的节律性收缩。

2. 控制分泌

ENS 对肠道分泌功能的调控至关重要。它通过黏膜下神经丛的神经元，调节肠道上皮细胞和腺体的分泌活动，影响消化酶、水分和电解质的分泌。这些分泌物对于食物的消化、吸收以及维持肠道内环境的稳定起着不可或缺的作用。

3. 血管控制

ENS 还负责精细调控肠道的血管系统，通过影响血管的收缩和扩张来调节血流量。这种调节确保了肠道组织的营养和氧气供应，同时对维持肠道内环境的温度和 pH 平衡发挥着重要作用。

4. 免疫调节

ENS 与肠道免疫系统的相互作用是其另一项关键功能。ENS 能够响应免疫细胞发出的信号，并通过释放神经调节因子来调节免疫反应。这种神经-免疫的交互作用对于防御病原体入侵、调节炎症反应以及维护肠道屏障功能至关重要。

5. 神经-免疫-内分泌网络

ENS 的功能不局限于肠道，它与中枢神经系统、免疫系统和内分泌系统构成了一个复杂的网络。这个网络通过多种信号通路进行交流，共同维持机体内环境的稳定。ENS 能够响应来自大脑的情绪信号，也能对内分泌系统释放的激素作出反应，从而在肠-脑轴中发挥着重要作用。

6. 疾病状态下的 ENS

ENS 的功能失调与多种消化系统疾病的发生发展密切相关。例如，在肠易激综合征（IBS）和炎症性肠病（IBD）中，ENS 的异常活动可能导致肠道运动和分泌功能的紊乱。因此，深入理解 ENS 在健康和疾病状态下的功能，对于开发新的治疗策略具有重要意义。

ENS 与肠道微生物群之间的相互作用构成了肠道健康和全身生理状态的重要调节网络。这种微生物-肠-脑轴的双向通信机制，涉及多种信号分子和代谢产物，对维持宿主的消化、免疫和行为功能具有深远的影响。

（三）微生物群对 ENS 的影响

肠道微生物群通过其代谢活动产生多种物质，这些物质能够影响 ENS 的功能：

1. 短链脂肪酸（SCFAs）

如乙酸盐、丙酸盐和丁酸盐，是肠道细菌发酵纤维素产生的主要代谢产物。它们通过 G 蛋白偶联受体（G protein-conpled receptor，GPCR）如 GPR41 和

GPR43，影响 ENS 神经元的活动，进而调节肠道运动和分泌功能。

2. 神经递质

某些肠道细菌能够产生神经递质，如多巴胺和 5-HT，这些物质可以直接或间接地影响 ENS 的功能。

3. 其他代谢产物

包括胆汁酸、氨基酸衍生物等，它们也通过特定的受体或信号途径影响 ENS。

（四）ENS 对微生物群的影响

ENS 通过调节肠道环境，间接或直接影响微生物群的组成和功能：

1. 肠道运动

ENS 控制肠道蠕动，影响微生物在肠道中的分布和它们与宿主的相互作用。

2. 黏膜免疫

肠道微生物群有助于维持黏膜屏障的完整性，防止病原体和有害物质穿过肠道上皮，这些屏障功能的维护对 ENS 的稳定运作至关重要。

3. 神经递质释放

ENS 释放的神经递质，如乙酰胆碱和去甲肾上腺素，能够影响肠道微生物群的生长和活性。

（五）微生物-肠-脑轴

ENS 与肠道微生物群的相互作用构成了所谓的"微生物-肠-脑轴"。这一概念强调了肠道微生物群、ENS 和中枢神经系统之间的双向通信。

1. 情绪与压力的影响

中枢神经系统通过影响 ENS 的活动，响应情绪变化和压力，这些变化可以进一步影响肠道微生物群的组成。

2. 免疫调节

ENS 与肠道免疫系统的相互作用可以调节对微生物群的反应，影响炎症和免疫耐受的平衡。

3. 行为和认知的影响

有研究表明，肠道微生物群通过 ENS 对宿主的行为和认知功能产生影响，这可能与神经递质的变化有关。

（六）微生物群失调与疾病

肠道微生物群的失衡，或称为肠道菌群失调（dysbiosis），与多种疾病的发生有关：

1. 肠易激综合征

IBS 是一种功能性肠病，其特征是腹痛和排便习惯的改变，如腹泻或便秘，但肠道结构上没有明显异常。研究表明，ENS 的功能异常可能与 IBS 的症状有关。ENS 的过度敏感性可能导致肠道运动的不协调，引起腹痛和不适。此外，ENS 对肠道感觉信号的处理异常也可能导致 IBS 患者对肠道充盈更加敏感。

2. 炎症性肠病

IBD，包括克罗恩病（Crohn's disease，CD）和溃疡性结肠炎（ulcerative colitis，UC），是一组慢性炎症性疾病。ENS 在 IBD 的发展中扮演着重要角色。ENS 的损伤和炎症反应可能导致肠道运动和分泌功能的异常，进而影响肠道屏障功能和免疫反应。此外，ENS 的异常活动可能加剧炎症过程，形成恶性循环。

3. 功能性胃肠病

功能性胃肠病是一组以胃肠道功能异常为特征的疾病，但无器质性病变。ENS 的调节失常可能导致功能性便秘或腹泻。例如，ENS 对肠道平滑肌收缩的调节失常可能导致肠道传输速度的异常，引起便秘或腹泻。此外，ENS 对肠道分泌功能的调节异常也可能导致水分和电解质吸收的失衡。

4. 动力障碍

动力障碍，如胃轻瘫，是指胃肠道肌肉无法正常收缩以推动食物通过消化道。ENS 的功能异常可能导致食物通过消化道的运动减慢。在胃轻瘫中，ENS 对胃肌肉收缩的调节失常可能导致胃排空延迟，引起恶心、呕吐和饱胀感。

5. 精神健康问题

肠道微生物群的变化可能通过影响 ENS 和神经递质的水平，对焦虑、抑郁等精神健康问题产生影响。

（七）ENS 在疾病中的作用机制

1. 神经递质失衡

ENS 依赖于多种神经递质来调节肠道功能，包括乙酰胆碱、去甲肾上腺素、5-HT 等。在疾病状态下，这些神经递质的产生和释放可能失衡，导致肠道运动和分泌功能的紊乱。例如，乙酰胆碱的过度释放可能导致不适当的肌肉收缩，引起腹痛和腹泻；而 5-HT 水平的变化可能影响情绪和肠道运动。

2. 神经免疫相互作用

ENS 与肠道免疫系统紧密相连，通过神经递质和细胞因子的相互作用，共同维护肠道健康。然而，当 ENS 的功能异常时，它可能无法适当地调节免疫反应，导致炎症反应的加剧。例如，在炎症性肠病中，ENS 的异常活动可能促进炎症细胞的招募和活化，加剧肠道炎症。

3. 感觉信号处理异常

ENS 还参与处理来自肠道的感觉信号，如牵拉、疼痛和温度变化。在肠易激综合征（IBS）等情况下，ENS 对这些感觉信号的处理可能变得异常敏感，导致患者对轻微的肠道充盈或牵拉感到不适或疼痛。

4. 肠道屏障功能受损

肠道屏障是保护身体免受病原体和有害物质侵害的重要防线。ENS 通过调节肠道上皮细胞的功能，对维持肠道屏障的完整性起到关键作用。ENS 功能异常可能导致肠道上皮细胞的功能障碍，损害肠道屏障，使病原体和有害物质更容易穿过肠道壁，引发炎症和疾病。

（八）治疗潜力

了解 ENS 与肠道微生物群的相互作用为开发新的治疗策略提供了机会。

1. 益生菌和益生元

使用益生菌和益生元调节肠道微生物群的组成，可以改善 ENS 的功能，减轻某些症状。

2. 神经调节疗法

针对 ENS 的神经调节疗法，如迷走神经刺激，可能对治疗与肠道微生物群失衡相关的疾病有益。

3. 饮食和生活方式的改变

饮食调整和生活方式的改变可以对肠道微生物群和 ENS 的功能产生积极影响。

（九）肠道神经系统的研究进展

ENS 的研究正在迅速进展，涉及多个层面的深入探索。在细胞和分子层面，利用先进的分子生物学技术，科学家们正在识别 ENS 中特定的神经元亚型及其神经递质的表达模式，这有助于我们理解 ENS 如何精细调控肠道功能。此外，神经影像学技术的应用为观察 ENS 的结构和功能提供了前所未有的清晰度，使研究人员能够实时监测 ENS 的活动并理解其在健康和疾病中的作用。同时，微生物群研究揭示了肠道微生物与 ENS 之间复杂的相互作用，这些研究不仅增进了我们对肠道健康调节机制的认识，还为开发新的治疗策略，如微生物调节疗法，提供了可能。这些跨学科的研究进展为治疗肠易激综合征、炎症性肠病等胃肠道疾病开辟了新的道路。

（十）肠道神经系统的治疗潜力

ENS 的治疗潜力正逐渐被挖掘，为肠道疾病的治疗提供了新的方向。神经调节疗法，如迷走神经刺激，通过调整 ENS 的活动，对肠易激综合征（IBS）和炎症性肠病（IBD）等肠道功能紊乱有潜在疗效。这种方法能够直接作用于 ENS，改善肠道运动和分泌功能。

微生物调节是另一种新兴的治疗策略，通过饮食调整或补充益生菌和益生元，可以改变肠道微生物群的组成，进而对 ENS 产生积极影响。这种调节不仅有助于恢复肠道微生物群的平衡，还能通过微生物群与 ENS 的相互作用改善肠道健康。

干细胞疗法在 ENS 治疗中的应用前景同样令人期待。利用干细胞的再生能力，可以修复或替换因疾病或损伤而受损的 ENS 神经元，为治疗 ENS 功能障碍提供了新的可能性。这些治疗方法的结合使用，有望为肠道疾病的治疗带来更有效、更个性化的治疗方案。随着研究的深入，我们对 ENS 的了解将更加全面，为肠道疾病的治疗提供更加坚实的科学基础。

二、神经递质与肠道

（一）神经递质的定义及其在神经系统中的作用

神经递质（neurotransmitter）是神经系统中一类至关重要的化学物质，它们在神经细胞之间以及神经元与效应器之间传递信息的过程中发挥着核心作用。神经递质在突触前膜内的囊泡等神经元内特定区域合成，并在神经元受到刺激时，通过胞吐作用释放到突触间隙。之后，这些神经递质与相邻神经元或效应器细胞膜上的特异性受体结合，从而引发一系列的电化学变化，最终实现信息的跨膜传递和整合。神经递质在神经系统中的作用主要体现在信息传递、兴奋与抑制、调节功能、参与生理病理过程和可塑性调节等方面。

（二）肠道作为消化和吸收器官的重要性

肠道是消化系统的关键组成部分，特别是小肠，作为食物消化吸收的主要场所，承担着将复杂食物分解为简单、可吸收物质的任务。小肠是营养物质吸收的主要部位，其内表面具有大量的环形皱襞和绒毛，大大增加了吸收面积。此外，肠道内寄居着大量的微生物群落，包括有益菌、有害菌和中性菌等。肠道菌群通过竞争营养物质、产生抗菌物质等方式，维持肠道微生态平衡，对宿主的健康产生深远影响。肠道菌群的失调与多种疾病的发生密切相关，如炎症性肠病、肠易激综合征等。因此，维持肠道菌群的平衡对于预防和治疗这些疾病具有重要意义。

（三）肠-脑轴的概念及其在现代医学研究中的意义

肠-脑轴是指肠道和大脑之间的相互作用路径，它涉及肠道、神经系统（包括中枢神经系统和肠神经系统）以及免疫系统之间的复杂交互作用。这种相互作用通过神经递质、激素、免疫因子等多种信号分子实现，对人类的身体和心理健康起着重要作用。它在揭示疾病发病机制、提供新的治疗靶点、促进跨学科研究以及指导饮食和生活方式干预等方面具有重要意义。

（四）肠道微生物群在调节神经递质和大脑功能中的作用

肠道微生物群通过其代谢活动产生多种神经递质或其前体，如 γ-氨基丁酸（GABA）、血清素（5-羟色胺）、多巴胺等。这些神经递质在大脑中起着重要的信息传递作用，对神经元的活动和认知功能具有深远影响。肠道微生物群的代谢产物，如短链脂肪酸（如乙酸、丙酸、丁酸）等，也能通过影响肠道屏障功能和免疫细胞活动，间接调节大脑中的神经递质水平。这些代谢产物能够穿过血脑屏障，影响大脑神经元的活动和突触可塑性。肠道微生物群通过肠-脑轴与大脑进行双向通信。这一机制涉及神经、内分泌、免疫等多种途径。同时，肠道微生物群也可以通过影响免疫系统，间接调节大脑的功能。肠道微生物群对免疫系统的调节作用也是其影响大脑功能的重要途径。肠道微生物群能够调节肠道黏膜免疫细胞的活性和功能，进而影响全身的免疫状态。这种免疫调节作用不仅有助于维持肠道的稳态，还能通过影响大脑中的免疫细胞（如小胶质细胞）来调节大脑的功能。肠道微生物群的失衡与多种神经系统疾病和精神障碍密切相关。例如，肠道菌群失调可能导致血清素和多巴胺等神经递质水平的异常，进而引发焦虑、抑郁等情绪障碍。此外，肠道微生物群还可能通过影响大脑的可塑性和神经元活动，影响认知功能和学习能力。

（五）神经递质的种类与功能

1. 胆碱类神经递质

乙酰胆碱（Ach）是一种具有显著生物活性的神经递质。在神经细胞中，乙酰胆碱由胆碱和乙酰辅酶 A 在胆碱乙酰移位酶的催化作用下合成。合成后的乙酰胆碱被储存在突触前膜的小泡中，当神经冲动到达时释放到突触间隙，与突触后膜上的受体结合后迅速被胆碱酯酶水解为胆碱和乙酸，从而终止其作用。乙酰胆碱作为神经递质，在神经传导过程中起着至关重要的作用。

乙酰胆碱主要通过与平滑肌细胞膜上的胆碱受体（主要为 M 受体和 N 受体）结合来发挥作用。乙酰胆碱与肠道平滑肌细胞膜上的 M 受体结合后，能够激活细胞膜上的离子通道，导致细胞内钙离子浓度增加。钙离子的内流进一步触发肌丝滑行，引起肌肉收缩。这种收缩作用有助于推动肠道内容物的运动，促进消化和排泄。乙酰胆碱还参与肠道平滑肌节律性活动的调节。通过影响细胞内钙离子的浓度和分布，乙酰胆碱能够改变肠道平滑肌的收缩频率和幅度，从而维持肠道的正常蠕动节律。乙酰胆碱能够刺激肠道黏膜下神经丛中的胆碱能神经元释放乙酰胆碱，后者与肠道壁上的 M3 受体结合，促使腺体分泌消化液，以利于营养物质的分解和吸收。

2. 单胺类神经递质

去甲肾上腺素（norepinephrine，NE）、肾上腺素（adrenaline，E）和多巴胺是三种在生物体内发挥重要作用的神经递质和激素，均属于单胺类神经递质。在神经系统中，去甲肾上腺素作为神经递质参与多种生理功能的调节，如情绪、应激反应等。在应激状态下，肾上腺素的分泌量会显著增加，以应对紧急情况。多巴胺是中枢神经系统中的一种重要神经递质，参与调节情绪、行为、注意力等多种生理功能。

去甲肾上腺素对肠道平滑肌的作用相对复杂，因其同时作用于 α 和 β 受体，但主要以 α 受体为主。在肠道中，去甲肾上腺素主要引起平滑肌的收缩，因为 α 受体的激活通常导致平滑肌的收缩反应。然而，具体效应可能还受到其他因素的调节，如局部神经递质的平衡和激素环境。肾上腺素对肠道平滑肌的作用是多方面的。它可以通过激活 β2-肾上腺素受体，抑制肠道平滑肌的收缩，使肠道处于相对松弛的状态。这种作用有助于减少胃肠蠕动和收缩，从而可能在某些情况下（如应激反应）保护肠道免受过度刺激。然而，肾上腺素也可能通过其他机制（如激活 α 受体）在某些情况下引起肠道平滑肌的收缩，具体效应取决于受体的分布和激活程度。多巴胺在调节肠道平滑肌运动中的作用相对较弱，且具体机制尚不完全清楚。然而，有研究表明多巴胺可能通过调节神经递质平衡来影响肠道平滑肌的收缩和舒张。此外，多巴胺还可能通过增强肠道上皮细胞间的黏附性来改善肠屏障功能，从而间接影响肠道平滑肌的运动。

3. 氨基酸类神经递质

5-羟色胺（5-HT），也被称为血清素，是一种重要的神经递质和自身调节物质。在肠道中，5-HT 主要由肥大细胞、肠嗜铬细胞（EC 细胞）以及部分胃肠道肌间神经丛神经元和黏膜下神经丛的神经节纤维及细胞合成。这些细胞通过摄取单胺（如色氨酸）并经过一系列酶促反应（如色氨酸羟化酶和 5-HT 酸脱羧酶的催化）最终合成 5-HT。5-HT 在肠道中的分布广泛，但主要集中在黏膜层，尤其是肥大细胞中。有研究表明，胃肠道黏膜层 5-HT 的浓度是肌间神经丛的 100 倍，这表明胃肠道中大部分 5-HT 来源于肥大细胞。此外，5-HT 还存在于 ENS 中，调节信息的传入传出及沿消化道下传。

5-HT 在大脑中起着传递信息的重要作用，对于情绪调节具有显著影响。它可以帮助人体产生愉悦或快乐等良好情绪，并对情绪进行调节。当 5-HT 分泌不足时，可能会出现抑郁、情绪低落、焦虑等不良症状。5-HT 在免疫系统中也发挥着重要作用。它可以结合人体免疫细胞表面不同的 5-HT 受体，调控免疫系统的功能。虽然具体机制尚未完全阐明，但已有研究表明 5-HT 在免疫细胞的活化、增殖和分化等过程中可能扮演着重要角色。此外，5-HT 还可能通过影响神经-免疫交互作用来调节机体的免疫反应。5-HT 在肠道中的分布和功能表明它在调节胃肠道功能方面起着重要作用。它可以参与肠道 EC 和肠神经元的分泌和合成，从而调节胃肠道的蠕动、分泌和吸收等生理功能。例如，5-HT 可以激活胃肠道平滑肌上的 5-HT2 受体或 5-HT4 受体，引起胃肠道平滑肌收缩，使胃肠道张力增加，肠蠕动加快。此外，5-HT 还可能通过影响肠道神经系统的其他递质来调节胃肠道功能。

（六）ENS 与肠-脑轴

1. ENS 的构成与功能

肠道神经系统是一个独立且复杂的神经网络，由大量神经元和神经胶质细胞组成，这些细胞嵌入在胃肠道的肌层和黏膜层中。脑肠轴是指中枢神经系统与肠道神经系统之间形成的双向通路，涉及神经、内分泌和免疫等多个方面。这一通路通过复杂的信号传递机制，将胃肠道的信息传递到中枢神经系统，同时中枢神经系统也通过这一通路调节胃肠道的功能。脑肠轴的构成包括自主神经系统（ANS）、下丘脑-垂体-肾上腺轴（HPA）、肠道微生物群以及相关的神经递质和激素等。

肠道神经系统通过迷走神经等将胃肠道的感觉信息（如疼痛、饱胀感、饥饿感等）传递到中枢神经系统，影响情绪、认知和行为等高级功能。中枢神经系统则通过自主神经系统等将调节信号发送到肠道神经系统，调节胃肠道的蠕动、分泌和血流等生理功能。肠道神经系统和脑肠轴之间通过多种神经递质（如乙酰胆碱、去甲肾上腺素、多巴胺、5-HT 等）和激素（如胃泌素、胰岛素、胰高血糖素等）进行信号传递。这些递质和激素在调节胃肠道功能的同时，也参与情绪、认知和行为等高级功能的调节。肠道神经系统与免疫系统之间存在密切的相互作用。肠道内的免疫细胞（如巨噬细胞、树突状细胞等）能够感知并响应肠道内的微生物和食物成分，通过释放细胞因子等信号分子与肠道神经系统进行通信。这种相互作用对于维持肠道内环境的稳定和促进肠道健康具有重要意义。肠道微生物群作为脑肠轴的重要组成部分，通过产生代谢产物（如短链脂肪酸、神经递质前体等）和调节免疫反应等方式与肠道神经系统和中枢神经系统进行通信。这种通信对于维持肠道健康、调节情绪和行为等高级功能具有重要作用。

2. 神经递质与肠道微生物群的相互作用

神经递质通过激活肠道平滑肌上的受体来调节肠道的蠕动和分泌。例如，5-HT 可以激活肠道平滑肌上的 5-HT2 和 5-HT4 受体，促进肠道蠕动和分泌；而去甲肾上腺素和肾上腺素则通过激活 α 和 β 受体来调节肠道的收缩和舒张。神经递质还参与肠道免疫系统的调节。例如，5-HT 可以影响肠道内免疫细胞的活化和增殖，从而调节肠道的免疫反应。此外，肠道微生物群与神经递质之间也存在相互作用，共同维持肠道免疫稳态。肠道屏障功能对于维持肠道健康至关重要。神经递质可以通过调节肠道上皮细胞的紧密连接和通透性来影响肠道屏障功能。例如，5-HT 可以影响肠道上皮细胞的增殖和分化，从而维护肠道屏障的完整性。神经递质的失调与多种肠道疾病的发生和发展密切相关。例如，在肠易激综合征（IBS）患者中，肠道神经递质的水平往往发生异常变化，导致肠道功能紊乱和症状的出现。此外，神经递质的失调还可能参与炎症性肠病、肠道感染等肠道疾病的发生和发展。

3. 生活方式对神经递质与肠道健康的影响

通过调节神经递质的合成、释放、再摄取或受体活性来治疗肠道疾病。例如，5-HT 再摄取抑制剂（SSRI）如氟西汀、舍曲林等，常用于治疗伴有情绪障碍的肠道疾病患者，通过增加突触间隙 5-HT 的浓度来改善肠道功能和情绪状态。针对特定神经递质受体的拮抗剂也可用于肠道疾病的治疗。例如，针对 5-HT3 受体的拮抗剂如昂丹司琼，常用于控制化疗引起的恶心和呕吐，也可能对某些肠道疾病引起的症状有缓解作用。通过电刺激肠道神经系统来调节肠道功能，如骶神经电刺激（sacral nerve stimulation，SNS）已用于治疗便秘型 IBS（irritable bowel syndrome with constipation，IBS-C）等肠道疾病。通过训练患者控制肠道肌肉活动来改善肠道功能，常用于治疗功能性排便障碍等肠道疾病。此外，通过生活方式调整、饮食管理和心理健康维护等措施，也可以预防肠道疾病的发生和发展。

三、肠道和大脑的神经连接

近年来，科学研究揭示了肠道与大脑之间复杂且至关重要的神经联系。这种联系不仅通过神经通路直接传递信号，还涉及内分泌系统、免疫系统等多种生理机制的交互作用。肠道与大脑之间的这种双向通信网络被称为"肠脑轴"（gut-brain Axis）。肠脑轴的发现标志着科学家们对身体不同系统之间相互作用的认识达到了一个新的高度，并为理解多种生理和病理状态提供了重要的理论基础。

肠脑轴是一个高度复杂的系统，它通过包括迷走神经、脊髓神经、自主神经系统在内的多条神经通路实现肠道与大脑之间的相互通信。迷走神经作为主要通路之一，起着双向传递信号的作用，不仅将肠道内的信息传递到中枢神经系统，还通过调节消化、免疫反应和代谢等多种生理功能，直接影响肠道的活动。

肠道被称为人体的"第二大脑"，不仅因为它拥有大量的神经元，构成了 ENS，还因为它具有独立的调节功能。ENS 可以在一定程度上自主调节肠道的蠕动和分泌，并通过与中枢神经系统的交互作用，调节全身的生理状态[1]。

肠脑轴在生理过程中发挥了重要作用。例如，肠道微生物群通过代谢产物的生成，影响神经递质如 5-HT 的合成和释放，进而调节情绪和行为。此外，肠道还能通过迷走神经传递信号，影响食欲、代谢、应激反应等生理功能。这些功能表明，肠道不仅仅是消化系统的一部分，它与大脑的相互作用在维持整体健康方面至关重要[2]。

在病理状态下，肠脑轴的失衡可能导致多种疾病的发生。研究表明，肠道微生物群的失调、慢性炎症、肠道屏障功能障碍等因素，都可能通过肠脑轴影响大脑功能，进而引发或加重神经精神疾病。例如，IBS 患者常常伴有焦虑或抑郁等情绪障碍，这表明肠脑轴的失调在这些疾病的发生和发展中起着重要作用[3]。

肠脑轴的研究不仅加深了我们对肠道和大脑之间关系的理解，也为多种疾病的预防和治疗提供了新的方向。通过调节肠道微生物群、改善肠道健康，我们有可能对包括抑郁症、焦虑症在内的多种神经精神疾病进行有效的干预。这一领域的研究仍在快速发展中，未来有望为医学带来更多突破性的发现。

（一）肠道与大脑的神经解剖

1. 肠脑轴的解剖结构

肠脑轴（GBA）是指肠道与大脑之间通过神经系统、免疫系统和内分泌系统相互作用的双向通信网络。神经系统在这一复杂的相互作用中扮演了核心角色。肠道与大脑之间的神经路径主要包括迷走神经、脊髓神经和自主神经系统[4]。

迷走神经（VN）是肠脑轴中最重要的神经通道之一。它起始于延髓，穿过胸腔，最后延伸到腹腔，支配着胃肠道的大部分区域。迷走神经是唯一直接连接肠道与大脑的大型神经通路，负责将来自肠道的感觉信号传递到中枢神经系统（CNS），并通过反射弧调节消化、心率等生理功能。

脊髓神经（spinal nerves，SN）也在肠脑轴中发挥重要作用。脊髓神经通过交感神经和副交感神经纤维调控肠道的运动和分泌功能。交感神经纤维主要通过抑制肠道活动和减少血流来发挥作用，而副交感神经纤维则通过促进肠道活动和增加分泌来维持消化系统的正常功能。

自主神经系统（ANS）作为肠道和大脑之间的桥梁，涵盖了交感神经和副交感神经两个分支。ANS通过调节肠道平滑肌的收缩和腺体分泌，直接影响胃肠道的功能。此外，ANS还通过反射弧与中枢神经系统进行信息交流，确保消化过程的协调和适应性调节。

2. 迷走神经的作用

迷走神经在肠脑轴中具有重要的功能。作为一种混合神经，迷走神经既包含传入纤维（感觉神经），也包含传出纤维（运动神经）。传入纤维将来自肠道的感觉信息传递至中枢神经系统，如胃肠道的伸展、化学成分变化等。通过这些信息，大脑能够感知消化道的状态，并作出适当的生理反应，如调节食欲、胃肠道运动等。

迷走神经在传递信息中的关键作用体现在其对各种反射活动的调控上。例如，当肠道受到机械刺激或化学刺激时，迷走神经的传入信号能够激活大脑的特定区域，从而引发反射性反应，如胃肠道的蠕动、消化酶的分泌等。迷走神经还与心血管系统密切相关，通过调节心率、血压等参数，影响整体生理平衡。

此外，迷走神经还参与了炎症反应的调节。通过释放神经递质如乙酰胆碱，迷走神经能够抑制免疫系统的过度反应，从而降低炎症的程度。这一机制被称为"胆碱能抗炎途径"，在许多消化道疾病的病理过程中发挥重要作用。

3. 肠道神经系统

肠道神经系统（ENS）是自主神经系统的一部分，通常被称为"第二大脑"。

ENS 由一系列复杂的神经网络组成，独立控制着肠道的运动、分泌和血流调节。ENS 的功能独立性使得它能够在没有中枢神经系统直接干预的情况下，对消化过程进行自主调节。

ENS 的结构由两个主要的神经丛构成：肌间神经丛和黏膜下神经丛。肌间神经丛位于肠道平滑肌之间，主要负责调节肠道的蠕动和运动。黏膜下神经丛则位于肠壁的更深层，主要控制肠道的分泌和吸收功能。

ENS 不仅与中枢神经系统进行信息交流，还通过内分泌信号和免疫信号调节肠道功能。这种多层次的调节机制确保了肠道在不同生理状态下的正常运作。此外，ENS 的神经元数量庞大，约为整个脊髓神经元总数的 1/10，这进一步表明了肠道神经系统在维持机体健康中的重要性。

（二）肠道与大脑的神经连接

1. 神经递质的作用

在肠道与大脑之间的互动中，神经递质是至关重要的媒介，尤其是乙酰胆碱、血清素和 γ-氨基丁酸（GABA）。这些神经递质通过复杂的神经通路和反馈机制，调节着情绪、食欲和消化过程。

乙酰胆碱（acetylcholine）是一种在神经传递过程中扮演关键角色的神经递质，特别是在自主神经系统中。乙酰胆碱通过迷走神经影响肠道的蠕动和消化腺体的分泌，从而在维持消化系统正常功能方面起到重要作用。在大脑中，乙酰胆碱则参与记忆和学习能力的调节，这表明肠道和大脑之间的联系不仅限于生理功能，还影响到高级认知功能。

血清素（serotonin）是一种在调节情绪和食欲中发挥重要作用的神经递质。大约 90% 的血清素是在肠道内合成的，其通过与迷走神经相互作用，调节肠道蠕动和分泌功能，同时影响大脑中的情绪和心理状态。血清素水平的失调常常与抑郁症、焦虑症等心理疾病相关，表明肠道健康对心理健康的重要性。

γ-氨基丁酸（GABA）是主要的抑制性神经递质，主要作用于中枢神经系统。GABA 在肠道中的作用与其在大脑中的作用类似，调节神经元的活动，帮助维持肠道的平衡状态，防止过度的神经兴奋。这种调节机制对缓解焦虑和促进放松具有重要意义。

这些神经递质的相互作用和调节机制，确保了肠道和大脑之间的信息传递和功能协调，从而在维持身体和心理健康中发挥着至关重要的作用。

2. 肠道微生物与神经生理的互动

肠道微生物群不仅影响消化系统，还通过代谢产物对大脑功能产生深远影响。肠道微生物通过其代谢活动产生多种物质，如短链脂肪酸（SCFA）和吲哚类化合物,这些物质通过血液或神经通路影响大脑的神经递质合成与释放,从而调节情绪和认知功能[5]。

短链脂肪酸(SCFA)是由肠道细菌发酵膳食纤维产生的主要代谢产物。这些SCFA可以穿过血脑屏障,直接影响大脑的功能,尤其是在调节炎症反应和神经递质平衡方面。例如,丁酸(butyrate)已被证明具有抗炎作用,并可以改善抑郁症状。这表明肠道微生物的代谢产物对大脑健康具有重要意义。

吲哚类化合物(indoles)是由肠道微生物代谢色氨酸产生的,这些化合物可以调节血清素的代谢过程,从而影响情绪和行为。研究表明,肠道微生物群的组成和功能变化与抑郁症、焦虑症和孤独症等精神障碍密切相关。

肠道微生物通过这些代谢产物影响神经生理过程,进一步揭示了肠道健康对神经精神健康的重要性。因此,维护肠道微生物群的平衡是预防和治疗多种神经精神疾病的潜在策略。

3. 内分泌与免疫系统的调节

肠道与大脑之间的联系不仅通过神经递质和微生物的相互作用,还涉及内分泌和免疫系统的复杂调节。这些系统通过分泌激素和免疫因子影响肠脑轴的功能,从而调节全身的生理和心理状态[6,7]。

肾上腺素(adrenaline)和皮质醇(cortisol)是应激反应中的主要内分泌因子。当身体受到压力时,肾上腺素会迅速分泌,导致心率加快、血压升高,从而为身体应对紧急情况做好准备。皮质醇则在应激反应后期起作用,帮助恢复体内平衡。然而,长期的高水平皮质醇会影响肠道微生物群的平衡,增加炎症反应,最终可能导致情绪障碍和认知功能障碍[8,9]。

免疫系统在肠道和大脑的交互作用中也起着至关重要的作用。肠道作为免疫系统的重要组成部分,通过调节肠道屏障的完整性和局部免疫反应,影响全身的免疫状态。肠道的免疫细胞与大脑之间的信号交流可以通过炎症介质实现,这种交流在神经炎症和神经退行性疾病的发展中具有重要作用[10-13]。

内分泌与免疫系统的调节机制进一步展示了肠道与大脑之间的复杂联系。这些系统通过调节生理和免疫功能,对维持身体和心理健康起到重要作用,理解这些机制有助于开发新的治疗策略,改善与肠脑轴相关的疾病。

(三)应用及未来展望

我们探讨了肠道与大脑之间复杂而紧密的神经连接。这一连接通过神经递质、肠道微生物、内分泌和免疫系统的协同作用得以实现。我们重点讨论了乙酰胆碱、血清素和GABA等神经递质在情绪、食欲和消化中的关键作用,以及肠道微生物群在神经生理调节中的重要性。此外，我们还讨论了内分泌因子如肾上腺素和皮质醇，以及免疫系统在肠脑轴调节中的作用。这些机制不仅对维持健康至关重要，而且在多种疾病的发生和发展中也扮演着重要角色，如抑郁症、焦虑症和肠易激综合征。

总体而言，肠道和大脑的神经连接代表了一种双向的交互系统，在身体与心理健康中发挥着核心作用。理解这些连接机制有助于揭示新型治疗方法，为改善多种与肠脑轴相关的健康问题提供了新的可能性。

尽管目前对肠脑轴的研究取得了显著进展，但仍有许多领域值得进一步探索：

1. 个体化治疗与精准医学

未来的研究可以进一步探讨个体化的肠脑轴调节策略，基于个人的肠道微生物群特征，开发个性化的饮食、药物或微生物疗法。这些方法将为不同人群提供更为精准和有效的治疗方案。

2. 新技术的应用

随着神经影像技术、单细胞测序和微生物组学的快速发展，研究人员能够更深入地探索肠道与大脑之间的复杂交互。这些技术将有助于揭示肠脑轴的多层次机制，推动新型治疗方法的开发。

3. 心理与神经障碍的肠脑轴机制

进一步研究肠道微生物如何通过影响神经递质、内分泌和免疫系统，介导精神障碍和神经退行性疾病的发展，将有助于揭示这些疾病的新机制，并开发相应的治疗策略。

4. 环境与饮食对肠脑轴的影响

研究不同的环境因素、饮食模式如何影响肠脑轴的功能，特别是现代社会中普遍存在的高压力和不健康饮食对肠脑轴的长期影响，将为预防和治疗相关疾病提供新的思路。

通过对这些方向的探索，未来的研究将进一步加深我们对肠脑轴的理解，为提升人类健康做出重要贡献。

参 考 文 献

[1] Bischoff SC. Physiological and pathophysiological functions of intestinal mast cells. Seminars in Immunopathology，2009，31（2）：185-205.

[2] Medzhitov R，Locksley，RM. The ins and outs of innate and adaptive type 2 immunity. Immunity. 2023，56（4）：704-722.

［3］ Sullivan ZA, Khoury-Hanold W, Lim J, et al. γδ T cells regulate the intestinal response to nutrient sensing. Science, 2021, 371 (6529): eaba8310.

［4］ Moor AE, Harnik Y, Ben-Moshe S, et al. Spatial reconstruction of single enterocytes uncovers broad zonation along the intestinal villus axis. Cell, 2018, 175 (4): 1156-1167.e15.

［5］ Lotti S, Dinu M, Colombini B, et al. Circadian rhythms, gut microbiota, and diet: Possible implications for health. Nutr Metab Cardiovasc Dis, 2023, 33 (8): 1490-1500.

［6］ Locksley RM. The ins and outs of innate and adaptive type 2 immunity. Immunity, 2023, 56: 704-722.

［7］ Varol C, Mildner A, Jung S. Macrophages: development and tissue specialization. Annu Rev Immunol, 2015, 33: 643-675.

［8］ Jiménez-Saiz R, Anipindi VC, Galipeau H, et al. Microbial Regulation of Enteric Eosinophils and Its Impact on Tissue Remodeling and Th2 Immunity. Front Immunol, 2020, 11: 155.

［9］ Ip WK, Medzhitov R. Macrophages monitor tissue osmolarity and induce inflammatory response through NLRP3 and NLRC4 inflammasome activation. Nat Commun, 2015, 6: 6931.

［10］ Bischoff SC. Physiological and pathophysiological functions of intestinal mast cells. Semin Immunopathol, 2009, 31 (2): 185-205.

［11］ Jung Y, Rothenberg ME. Roles and regulation of gastrointestinal eosinophils in immunity and disease. J Immunol, 2014, 193 (3): 999-1005.

［12］ Spencer SP, Wilhelm C, Yang Q, et al. Adaptation of innate lymphoid cells to a micronutrient deficiency promotes type 2 barrier immunity. Science, 2014, 343 (6169): 432-437.

［13］ Norton M, Murphy KG. Targeting gastrointestinal nutrient sensing mechanisms to treat obesity. Curr Opin Pharmacol, 2017, 37: 16-23.

第三节 内分泌系统与肠道

一、肠道激素的作用

（一）激素在脑肠同调中的作用

1. 肠道激素对大脑的影响

肠道不仅是消化吸收的场所，更是重要的内分泌器官。肠道内分泌细胞（如肠嗜铬细胞、L细胞等）可分泌多种激素，通过血液循环或迷走神经通路作用于中枢神经系统。例如，血清素（5-HT）作为"快乐激素"，约90%由肠道产生，其通过血脑屏障外的旁路途径（如迷走神经传入纤维）影响大脑情绪调节中枢。

研究发现，肠道菌群代谢产生的短链脂肪酸（SCFAs）可刺激肠嗜铬细胞分泌血清素，进而改善焦虑和抑郁症状。

此外，胰高血糖素样肽-1（GLP-1）不仅参与血糖调节，还能通过激活下丘脑神经元抑制食欲，并增强海马体的突触可塑性，改善学习记忆功能。近年研究还发现，胆囊收缩素（CCK）在餐后通过迷走神经向大脑传递饱腹信号，同时激活中脑多巴胺系统，间接调节奖赏行为和情绪稳定性。这些发现揭示了肠道激素在神经精神疾病中的潜在治疗价值。

2. 大脑激素对肠道的影响

大脑通过下丘脑-垂体-肾上腺轴（HPA轴）和自主神经系统双向调控肠道功能。例如，促肾上腺皮质激素释放激素（CRH）在应激状态下大量分泌，通过激活肠道CRH受体，抑制肠蠕动并增加肠道通透性，导致腹痛或腹泻。相反，乙酰胆碱作为副交感神经的主要递质，可促进肠道分泌和蠕动，维持消化稳态。

最新研究表明，脑源性神经营养因子（BDNF）不仅支持神经元存活，还能通过迷走神经调节肠道免疫细胞活性，抑制肠道炎症反应。此外，褪黑素作为一种多功能激素，除了调节睡眠节律外，还能直接作用于肠道上皮细胞，增强紧密连接蛋白表达，修复肠黏膜屏障。这种双向调节机制为脑肠共病的治疗提供了新思路。

（二）脑肠同调中激素调节的具体机制

1. 神经-内分泌-免疫网络

脑肠轴的调控依赖于神经、内分泌和免疫系统的协同作用。例如，肠道激素 ghrelin 在饥饿时分泌，不仅刺激下丘脑食欲中枢，还通过抑制促炎细胞因子（如 $TNF-\alpha$、IL-6）减轻肠道炎症。同时，免疫细胞（如巨噬细胞、T细胞）可分泌细胞因子（如 $IL-1\beta$、IL-10），直接作用于肠道神经元或内分泌细胞，形成反馈环路。

这一网络中，迷走神经作为关键通路，传递80%的肠脑信号。例如，肠道病原体感染时，免疫细胞释放的 $IL-1\beta$ 激活迷走神经传入纤维，促使下丘脑释放抗炎激素，抑制过度免疫反应。这种"神经-免疫-内分泌"三位一体的调节模式，是维持肠道稳态的核心机制。

2. 激素受体和信号转导

激素通过特异性受体发挥作用。例如，GLP-1受体广泛分布于下丘脑、脑干和迷走神经节，其激活可触发 cAMP-PKA 通路，调控神经元兴奋性和突触传递。而血清素受体（5-HT3/4）在肠道和大脑中分布不同，5-HT3 受体介导恶心呕吐反应，5-HT4 受体则促进肠蠕动和神经元再生。

近年研究发现，肠道菌群代谢产物（如吲哚、多胺）可作为配体激活宿主芳香烃受体（AhR），调控肠道内分泌细胞的功能，并影响血脑屏障通透性。这种"菌群-激素-大脑"的跨系统信号传递，揭示了微生物组在脑肠轴中的关键作用。

（三）脑肠同调中激素调节的临床应用

1. 治疗功能性胃肠病

肠易激综合征（IBS）和功能性消化不良（FD）患者常伴随血清素信号异常。选择性 5-HT3 受体拮抗剂（如阿洛司琼）可缓解肠易激综合征（irritable bowel syndrome with diarrhea，IBS-D）的腹痛，而 5-HT4 受体激动剂（如普芦卡必利）则改善便秘症状。此外，GLP-1 类似物（如利拉鲁肽）通过延缓胃排空，有效治疗糖尿病合并 FD 患者的早饱感。

2. 治疗神经精神疾病

抑郁症患者的肠道菌群紊乱与血清素水平降低密切相关。临床研究发现，益生菌（如乳杆菌、双歧杆菌）可通过增加 SCFAs 合成，促进肠道 5-HT 分泌，联合 SSRI 类药物可显著提升抗抑郁疗效。此外，粪菌移植（FMT）在改善孤独症患者肠道菌群的同时，可降低血液中促炎因子水平，缓解行为异常。

3. 调节免疫功能和抗炎作用

在炎症性肠病（IBD）治疗中，靶向激素信号通路的药物（如抗 TNF-α 单抗）已取得显著效果。新兴疗法如肠道激素类似物（如 GLP-2 类似物）可促进肠上皮修复，而迷走神经电刺激（VNS）通过激活胆碱能抗炎通路，减少肠道组织损伤。

4. 新兴干预策略

饮食干预（如高纤维饮食、地中海饮食）可通过调节肠道激素分泌改善脑肠轴功能。例如，膳食纤维发酵产生的丁酸盐可激活肠道 GLP-1 分泌，同时抑制下丘脑 CRH 释放，缓解应激性肠炎。此外，时间营养学研究显示，定时进食可优化褪黑素和皮质醇节律，改善肠脑同步性。

尽管激素调控脑肠轴的机制逐渐明晰，仍有许多问题亟待解决。例如，肠道激素的分泌是否受昼夜节律调控？特定菌株如何精确靶向激素通路？此外，个体化医疗需结合基因组、代谢组和微生物组数据，开发精准干预方案。未来，脑肠同调的研究将为代谢性疾病、神经退行性疾病和免疫失调提供突破性治疗策略。

二、脑肠同调中的激素调节

胃肠激素在调节消化过程中的作用对于维持体内稳态至关重要[1]。这些激素，包括胃泌素、胆囊收缩素（CCK）、促胰液素和胃饥饿素，由胃、小肠和胰腺中的特化细胞分泌[2]。胃肠激素调节多种生理功能，如胃酸分泌、胆汁生成、胰酶释放以及食欲控制[3]。这些激素之间的复杂相互作用确保消化系统能对食物的存在做出适当反应，并维持能量稳态[4]。

（一）胃泌素

胃泌素（gastrin，GAS）是一种由胃窦、十二指肠 G 细胞分泌的多肽激素，可以调节胃酸分泌[5]。当食物进入胃部时，胃泌素通过作用于胃壁细胞，刺激胃酸的分泌，从而帮助食物的消化[6]。此外，胃泌素还在胃黏膜的生长和修复中发挥作用[7]。近年来的研究表明，胃泌素在胃肠道以外的组织中也可能具有生理功能，特别是在胰岛素分泌和肿瘤发生中的作用[8]。

（二）胃泌素释放肽

胃泌素释放肽（gastrin-releasing peptide，GRP）是一种由 14 个氨基酸组成的神经肽，广泛存在于中枢神经系统和胃肠道中，从神经释放以刺激胃 G 细胞分泌胃泌素[9]。GRP 通过与其受体结合，能够调节多种生理功能，包括胃酸分泌、胰酶分泌和胃肠道的蠕动[10]。此外，GRP 还被发现参与了与食欲控制相关的神经调节机制，并可能在肥胖和代谢综合征中发挥作用[11]。近年来的研究表明，GRP 及其受体在多种肿瘤的发生发展中扮演了重要角色，特别是在肺癌和前列腺癌中[12]。

（三）促胰液素

促胰液素（secretin，SCT）是一种由小肠 S 细胞分泌的激素，通过刺激胰腺分泌碳酸氢盐来调节小肠的 pH 值[13]。当酸性食糜进入小肠时，促胰液素的分泌被刺激，从而促进胰腺分泌碳酸氢盐以中和胃酸[14]。除了调节胰腺分泌外，促胰液素还在肝脏的胆汁生成和胃酸分泌的负反馈调节中发挥重要作用[15]。近年来的研究表明，促胰液素还可能参与其他代谢功能的调节，例如脂质代谢和血糖平衡[16]。促胰液素及其受体在某些消化道疾病的发病机制中也扮演了关键角色，特别是在胃食管反流病和慢性胰腺炎中[17]。

(四)生长激素释放肽

生长激素释放肽是一种由胃内分泌细胞分泌的多肽激素,通常被称为"饥饿激素",在调节食欲和能量平衡中起着关键作用[18]。胃饥饿素通过与下丘脑中的受体结合,促进食欲的增加和食物摄入[19]。此外,胃饥饿素还通过调节胰岛素分泌和葡萄糖代谢,在体重管理和代谢综合征的发展中发挥重要作用[20]。近年来的研究揭示了胃饥饿素在大脑奖励系统中的作用,表明其可能在食物成瘾和肥胖的发展中起到调节作用[21]。此外,胃饥饿素的水平与应激和情绪障碍密切相关,进一步凸显了其在神经内分泌调节中的重要性[22]。

(五)胆囊收缩素

胆囊收缩素(cholecystokinin,CCK)是一种由小肠 I 细胞分泌的多肽激素,通过涉及 G 蛋白偶联受体、GPR40 和钙敏感受体的机制从肠道 I 细胞中响应膳食脂质和蛋白质释放[23]。CCK 通过与胆囊收缩素受体结合,调节胆囊的收缩,从而促进胆汁的释放以帮助脂肪的消化[24]。此外,CCK 还刺激胰腺分泌消化酶,增强食物的消化和吸收[25]。近年来的研究发现,CCK 在食欲控制和能量平衡中也发挥着重要作用,通过作用于中枢神经系统来减少食物摄入[26]。CCK 还控制中枢神经系统神经元对受体和肽神经递质的表达,此作用被瘦素增强,被生长素释放肽抑制[27]。因而,CCK 引起近端胃的松弛(增加其电容)和抑制胃排空[28]。CCK 的异常分泌与肥胖、代谢综合征等疾病密切相关[29]。

(六)胃抑制性多肽/葡萄糖依赖性促胰岛素多肽

胃抑制性多肽(gastric inhibitory polypeptide,GIP),也被称为葡萄糖依赖性促胰岛素多肽,是十二指肠和空肠近端的 K 细胞分泌的肽激素[30]。在人类中,GIP 水平随着营养物质的摄入而升高,抑制胃酸分泌和排空[31]。GIP 在摄入食物尤其是脂肪和碳水化合物后分泌,通过作用于胰腺促进胰岛素的释放[32]。此外,GIP 还通过影响脂肪细胞的功能促进脂肪储存,并在肥胖和胰岛素抵抗的发展中发挥作用[33]。近年来的研究表明,GIP 在中枢神经系统中也发挥一定的作用,可能影响食欲和体重调节[34]。然而,GIP 过度分泌或其信号通路的异常可能导致代谢性疾病,如 2 型糖尿病和代谢综合征[35]。

(七)胰高血糖素样肽-1

胰高血糖素样肽-1(glucagon-like peptide-1,GLP-1)是一种通过胰高血糖素原的翻译后加工从小肠和结肠的 L 细胞分泌的肽类激素,主要在进食后释放[36]。

GLP-1通过作用于胰腺β细胞，显著促进胰岛素分泌，并以葡萄糖依赖性方式抑制胰高血糖素分泌，从而帮助维持血糖平衡[37]。此外，GLP-1还能够抑制胰高血糖素的分泌，从而减少肝糖输出[38]。GLP-1在中枢神经系统中也发挥着重要作用，特别是在促进饱腹感和减少食物摄入方面[39]。例如，艾塞那肽（一种GLP-1受体激动剂）、利拉鲁肽和索马鲁肽（GLP-1类似物）可显著延缓胃排空[40]。近年来，GLP-1类似物已成为治疗2型糖尿病和肥胖症的重要药物，展现了显著的临床疗效[41]。

（八）胰高血糖素样肽-2

胰高血糖素样肽-2（glucagon-like peptide-2，GLP-2）是由胰高血糖素前体的交替剪接而合成，是一种在肠道生长和修复中起关键作用的肽类激素[42]。最近的研究强调了其在治疗短肠综合征中的潜力，因为GLP-2类似物如teduglutide已显示出减少依赖肠外营养的效果[43]。研究表明，GLP-2激动剂替度鲁肽可减少短肠综合征患者的整体胃和小肠排空，并抑制胃酸分泌[44,45]。GLP-2与调节肠道通透性和炎症有关，表明其在炎症性肠病（IBD）中的治疗潜力[46]。此外，一种新型药理学GLP-1/GLP-2激动剂GUB09-123显著改善了血糖控制，并显示出对糖尿病小鼠胃排空的持续影响，效果优于GLP-1类似物利拉鲁肽的单一疗法[47]。然而，GLP-2发挥这些作用的精确机制仍在研究中，目前的研究重点是其与肠神经系统和免疫细胞的相互作用[48]。

（九）瘦素与胃瘦素

瘦素（leptin，LEP）是一种主要由脂肪组织产生的激素，位于人类的7号染色体上，在通过抑制饥饿来调节能量平衡中起着关键作用[49]。胃是胃肠道中瘦素的主要来源。瘦素的分泌发生在各种生理状态下，包括空腹或禁食后再进食，在血清和胃黏膜中均增加[50]。瘦素及其受体的可溶性亚型由胃黏膜中的胃主细胞（壁细胞）分泌，在胃酸性环境中稳定，并到达十二指肠，可以是蛋白质结合的，也可以是游离的[51]。瘦素受体在胃肠道系统中含量丰富，尤其是在肠道的近端部分。这些受体可以在肠细胞的管腔和基底外侧边界找到[52]。最近的研究表明，瘦素抵抗是导致肥胖的重要因素，因为它削弱了身体调节食物摄入和能量消耗的能力[53]。在瘦素受体突变的肥胖、高血糖、高胰岛素血症雌性小鼠（Leprdb/db）中，胃排空加速，Cajal的胃间质细胞（胃中起搏器装置的一部分）和阶段性胆碱能反应增加[54]。瘦素和胃瘦素之间的相互作用对于维持能量稳态至关重要，这对于治疗肥胖和糖尿病等代谢性疾病具有重要意义[55]。

（十）胰高血糖素

胰高血糖素（glucagon，GCG）是一种由胰腺 α 细胞分泌的 29 个氨基酸的肽，主要通过激活肝脏糖异生和糖原分解来维持血糖，由 G 蛋白偶联受体转导，是维持血糖平衡的关键激素[56]。胰高血糖素的结合位点已在肝脏、肠平滑肌、大脑、脂肪、心脏和胰腺 β 细胞中得到证实。胰高血糖素在胎儿发育过程中是胰岛 β 细胞分化所必需的[57]。胰高血糖素除了减少食物摄入量和体脂量外，还可以延缓胃液排空，并抑制整个胃肠道的运动[58]。最近的研究表明，胰高血糖素在 2 型糖尿病的发病机制中发挥重要作用，其中胰高血糖素分泌失调导致高血糖[59]。此外，研究还强调了靶向胰高血糖素信号通路在代谢性疾病中的治疗潜力，例如使用胰高血糖素受体拮抗剂来改善血糖控制[60]。胰高血糖素和胰岛素之间的相互作用对于维持血糖平衡至关重要，而这种平衡的破坏可能导致严重的代谢性疾病[61]。

（十一）胰岛淀粉样蛋白

胰岛淀粉样蛋白（islet amyloid polypeptide，IAPP），也称为胰淀素，是由胰腺 β 细胞与胰岛素共同分泌的一种肽类激素，在葡萄糖稳态中起着关键作用[62]。因此，胰岛淀粉样蛋白在 1 型糖尿病中缺乏，而在肥胖、葡萄糖耐量受损和 2 型糖尿病中血浆水平升高。一种 IAPP 合成类似物普兰林肽，通过以剂量依赖性方式抑制迷走神经信号传导来延迟胃排空[63]。普兰林肽诱导的胃排空延迟提高了总胰岛素敏感性，然而降低了总 β 细胞响应度[64]。在 2 型糖尿病患者中，IAPP 倾向于聚集成淀粉样纤维，这些纤维对 β 细胞具有毒性，并导致 β 细胞功能的逐步丧失[65]。IAPP 的淀粉样形成潜力受到多种因素的影响，包括其浓度以及其他可调节其聚集的蛋白质的存在[66]。针对 IAPP 聚集的治疗策略正在被探索，以预防或减轻糖尿病中的 β 细胞丧失[67]。

（十二）肽酪氨酸-酪氨酸

肽酪氨酸-酪氨酸（peptide tyrosine-tyrosine，PYY）是一种由 36 个氨基酸组成的线性肽，是神经肽 Y 肽家族的成员，在食欲调节中起重要作用的激素，主要由胃肠道在进食后分泌[68]。PYY 在腔内营养物质、葡萄糖、胆盐、脂质、短链脂肪酸和氨基酸的刺激下从远端小肠和结肠的肠内分泌 L 细胞释放。这种释放也受到其他肠道肽的调节：血管活性肠肽、CCK、胃泌素和 GLP-1[69]。PYY 是"回肠制动器"的重要介质，它减慢胃排空和肠道运输，以响应小肠远端的营养物质。研究表明，PYY 水平在进食后升高，导致食欲和食物摄入减少，这使其成为肥胖治疗的潜在靶点[70]。外周注射 PYY 抑制胃排空液体和胃酸以及胰腺外分泌[71-73]。此外，已知PYY与其他激素（如胃饥饿素和GLP-1）相互作用，进一步影响能量稳态和代谢过程[74]。关于PYY的研究还探索了其在超越肥胖的代谢性疾病中的治疗潜力，包括2型糖尿病[75]。

（十三）催产素

催产素（Oxytocin，OXT）是一种神经肽，由整个（胰腺）胰高血糖素序列（1-29）和从C末端延伸的八肽组成；两者都来源于胰高血糖素原。它由回肠和结肠的L细胞响应葡萄糖和其他营养物质分泌，在社会联结、生殖行为和压力反应调节中起着关键作用[76, 77]。在人类中，催产素除了抑制胃酸和胰酶分泌外，还可以延迟胃中液体排空[78]。催产素的调节机制复杂，涉及中枢和外周机制，以确保其在各种生理过程中发挥精确作用[79]。最近的研究强调了靶向催产素信号通路在治疗孤独症、焦虑和抑郁等疾病中的治疗潜力[80]。此外，催产素还与代谢调节有关，影响能量平衡和葡萄糖稳态等过程[81]。

参 考 文 献

[1] Rehfeld JF. The new biology of gastrointestinal hormones. Physiol Rev，1998，78（4）：1087-1108.

[2] Drucker DJ. The role of gut hormones in glucose homeostasis. J Clin Invest，2007，117（1）：24-32.

[3] Hong SH，Choi KM. Gut hormones and appetite regulation. Curr Opin Endocrinol Diabetes Obes，2024，31（3）：115-121.

[4] Chaudhri O，Small C，Bloom S. Gastrointestinal hormones regulating appetite. Philos Trans R Soc Lond B Biol Sci，2006，361（1471）：1187-1209.

[5] Burkitt MD，Varro A，Pritchard DM. Importance of gastrin in the pathogenesis and treatment of gastric tumors. World J Gastroenterol，2009，15（1）：1-16.

[6] Schubert ML，Rehfeld JF. Gastric Peptides-Gastrin and Somatostatin. Compr Physiol，2019，10（1）：197-228.

[7] Machowska A，Brzozowski T，Sliwowski Z，et al. Gastric secretion，proinflammatory cytokines and epidermal growth factor（EGF）in the delayed healing of lingual and gastric ulcerations by testosterone. Inflammopharmacology，2008，16（1）：40-47.

[8] Gašenko E，Bogdanova I，Sjomina O，et al. Assessing the utility of pepsinogens and gastrin-17 in gastric cancer detection. Eur J Cancer Prev，2023，32（5）：478-484.

[9] Roesler R，Schwartsmann G. Gastrin-releasing peptide receptors in the central nervous system：role in brain function and as a drug target. Front Endocrinol（Lausanne），2012，3：159.

[10] Pendharkar SA，Drury M，Walia M，et al. Gastrin-Releasing Peptide and Glucose Metabolism Following Pancreatitis. Gastroenterology Res，2017，10（4）：224-234.

[11] Kim MK, Park HJ, Kim Y, et al. Involvement of Gastrin-Releasing Peptide Receptor in the Regulation of Adipocyte Differentiation in 3T3-L1 Cells. Int J Mol Sci, 2018, 19(12): 3971.
[12] Zhang H, Qi L, Cai Y, et al. Gastrin-releasing peptide receptor (GRPR) as a novel biomarker and therapeutic target in prostate cancer. Ann Med, 2024, 56(1): 2320301.
[13] Chey WY, Chang TM. Secretin: historical perspective and current status. Pancreas, 2014, 43(2): 162-182.
[14] Schaffalitzky de Muckadell OB, Fahrenkrug J, Matzen P, et al. Physiological significance of secretin in the pancreatic bicarbonate secretion. II. Pancreatic bicarbonate response to a physiological increase in plasma secretin concentration. Scand J Gastroenterol, 1979, 14(1): 85-90.
[15] Schaffalitzky de Muckadell OB, Fahrenkrug J, Nielsen J, et al. Meal-stimulated secretin release in man: effect of acid and bile. Scand J Gastroenterol, 1981, 16(8): 981-988.
[16] Li Y, Schnabl K, Gabler SM, et al. Secretin-Activated Brown Fat Mediates Prandial Thermogenesis to Induce Satiation. Cell, 2018, 175(6): 1561-1574.
[17] Ahlman H, Nilsson. The gut as the largest endocrine organ in the body. Ann Oncol, 2001, 12 Suppl 2: S63-S68.
[18] Mehdar KM. The distribution of ghrelin cells in the human and animal gastrointestinal tract: a review of the evidence. Folia Morphol (Warsz), 2021, 80(2): 225-236.
[19] Reich N, Hölscher C. Beyond appetite: Acylated ghrelin as a learning, memory and fear behavior-modulating hormone. Neurosci Biobehav Rev, 2022, 143: 104952.
[20] Castañeda TR, Tong J, Datta R, et al. Ghrelin in the regulation of body weight and metabolism. Front Neuroendocrinol, 2010, 31(1): 44-60.
[21] Abizaid A. Stress and obesity: The ghrelin connection. J Neuroendocrinol, 2019, 31(7): e12693.
[22] Lis M, Miłuch T, Majdowski M, et al. A link between ghrelin and major depressive disorder: a mini review. Front Psychiatry, 2024, 15: 1367523.
[23] Rehfeld JF. Cholecystokinin-From Local Gut Hormone to Ubiquitous Messenger. Front Endocrinol (Lausanne), 2017, 8: 47.
[24] Brotschi EA, Vaules WA, Kahl EA, et al. Luminal cholecystokinin and gastrin cause gallbladder contraction. J Surg Res, 1996, 62(2): 255-259.
[25] Math MV. Pancreas and cholecystokinin. Dig Dis Sci, 1986, 31(5): 557.
[26] Williams JA. Cholecystokinin (CCK) Regulation of Pancreatic Acinar Cells: Physiological Actions and Signal Transduction Mechanisms. Compr Physiol, 2019, 9(2): 535-564.
[27] Chandra R, Liddle RA. Cholecystokinin. Curr Opin Endocrinol Diabetes Obes, 2007, 14(1): 63-67.
[28] Lal S, McLaughlin J, Barlow J, et al. Cholecystokinin pathways modulate sensations induced by gastric distension in humans. Am J Physiol Gastrointest Liver Physiol, 2004, 287(1): G72-G79.

[29] Rehfeld JF. Measurement of cholecystokinin in plasma with reference to nutrition related obesity studies. Nutr Res, 2020, 76: 1-8.

[30] Holst JJ, Rosenkilde MM. GIP as a Therapeutic Target in Diabetes and Obesity: Insight From Incretin Co-agonists. J Clin Endocrinol Metab, 2020, 105 (8): e2710-e2716.

[31] McIntosh CH, Widenmaier S, Kim SJ. Glucose-dependent insulinotropic polypeptide (Gastric Inhibitory Polypeptide; GIP). Vitam Horm, 2009, 80: 409-471.

[32] Drucker DJ. The biology of incretin hormones. Cell Metab, 2006, 3 (3): 153-165.

[33] Irwin N, Gault VA, O'Harte FPM, et al. Blockade of gastric inhibitory polypeptide (GIP) action as a novel means of countering insulin resistance in the treatment of obesity-diabetes. Peptides, 2020, 125: 170203.

[34] Finer N. Future directions in obesity pharmacotherapy. Eur J Intern Med, 2021, 93: 13-20.

[35] Irwin N, Flatt PR. Evidence for beneficial effects of compromised gastric inhibitory polypeptide action in obesity-related diabetes and possible therapeutic implications. Diabetologia, 2009, 52 (9): 1724-1731.

[36] Müller TD, Finan B, Bloom SR, et al. Glucagon-like peptide 1 (GLP-1). Mol Metab, 2019, 30: 72-130.

[37] Ma X, Guan Y, Hua X. Glucagon-like peptide 1-potentiated insulin secretion and proliferation of pancreatic β-cells. J Diabetes, 2014, 6 (5): 394-402.

[38] D'Alessio D, Vahl T, Prigeon R. Effects of glucagon-like peptide 1 on the hepatic glucose metabolism. Horm Metab Res, 2004, 36 (11-12): 837-841.

[39] Grill HJ. A Role for GLP-1 in Treating Hyperphagia and Obesity. Endocrinology, 2020, 161 (8): bqaa093.

[40] Halawi H, Khemani D, Eckert D, et al. Effects of liraglutide on weight, satiation, and gastric functions in obesity: a randomised, placebo-controlled pilot trial. Lancet Gastroenterol Hepatol, 2017, 2: 890-899.

[41] Alfaris N, Waldrop S, Johnson V, et al. GLP-1 single, dual, and triple receptor agonists for treating type 2 diabetes and obesity: a narrative review. EClinicalMedicine, 2024, 75: 102782.

[42] Drucker DJ. Glucagon-like peptide 2. J Clin Endocrinol Metab, 2001, 86 (4): 1759-1764.

[43] Orhan A, Gögenur I, Kissow H. The Intestinotrophic Effects of Glucagon-Like Peptide-2 in Relation to Intestinal Neoplasia. J Clin Endocrinol Metab, 2018, 103 (8): 2827-2837.

[44] Iturrino J, Camilleri M, Acosta A, et al. Acute effects of a glucagon-like peptide 2 analogue, teduglutide, on gastrointestinal motor function and permeability in adult patients with short bowel syndrome on home parenteral nutrition. J Parenter Enteral Nutr, 2016, 40: 1089-1095.

[45] Meier JJ, Nauck MA, Pott A, et al. Glucagon-like peptide 2 stimulates glucagon secretion, enhances lipid absorption, and inhibits gastric acid secretion in humans. Gastroenterology 2006, 130: 44-54.

[46] Xiao Q, Boushey RP, Cino M, et al. Circulating levels of glucagon-like peptide-2 in human subjects with inflammatory bowel disease. Am J Physiol Regul Integr Comp Physiol, 2000, 278

(4): R1057-R1063.

[47] Wismann P, Pedersen SL, Hansen G, et al. Novel GLP-1/GLP-2 co-agonists display marked effects on gut volume and improves glycemic control in mice. Physiol Behav, 2018, 192: 72-81.

[48] Abdalqadir N, Adeli K. GLP-1 and GLP-2 Orchestrate Intestine Integrity, Gut Microbiota, and Immune System Crosstalk. Microorganisms, 2022, 10 (10): 2061.

[49] Zhang Y, Chua S Jr. Leptin Function and Regulation. Compr Physiol, 2017, 8 (1): 351-369.

[50] Cinti S, de Matteis R, Ceresi E, et al. Leptin in the human stomach. Gut, 2001, 49 (1): 155.

[51] Cammisotto PG, Renaud C, Gingras D, et al. Endocrine and exocrine secretion of leptin by the gastric mucosa. J Histochem Cytochem, 2005, 53 (7): 851-860.

[52] Barrenetxe J, Villaro AC, Guembe L, et al. Distribution of the long leptin receptor isoform in brush border, basolateral membrane, and cytoplasm of enterocytes. Gut, 2002, 50 (6): 797-802.

[53] Myers MG, Cowley MA, Münzberg H. Mechanisms of leptin action and leptin resistance. Annu Rev Physiol, 2008, 70: 537-556.

[54] Hayashi Y, Toyomasu Y, Saravanaperumal SA, et al. Hyperglycemia Increases Interstitial Cells of Cajal via MAPK1 and MAPK3 Signaling to ETV1 and KIT, Leading to Rapid Gastric Emptying. Gastroenterology, 2017, 153 (2): 521-535.

[55] Cui H, López M, Rahmouni K. The cellular and molecular bases of leptin and ghrelin resistance in obesity. Nat Rev Endocrinol, 2017, 13 (6): 338-351.

[56] Hædersdal S, Lund A, Knop FK, et al. The Role of Glucagon in the Pathophysiology and Treatment of Type 2 Diabetes. Mayo Clin Proc, 2018, 93 (2): 217-239.

[57] Charron MJ, Vuguin PM. Lack of glucagon receptor signaling and its implications beyond glucose homeostasis. J Endocrinol, 2015, 224 (3): R123-R130.

[58] Patel GK, Whalen GE, Soergel KH, et al. Glucagon effects on the human small intestine. Dig Dis Sci, 1979, 24 (7): 501-508.

[59] Finan B, Capozzi ME, Campbell JE. Repositioning Glucagon Action in the Physiology and Pharmacology of Diabetes. Diabetes, 2020, 69 (4): 532-541.

[60] Yang Q, Lang Y, Yang W, et al. Efficacy and safety of drugs for people with type 2 diabetes mellitus and chronic kidney disease on kidney and cardiovascular outcomes: A systematic review and network meta-analysis of randomized controlled trials. Diabetes Res Clin Pract, 2023, 198: 110592.

[61] Campbell JE, Drucker DJ. Islet α cells and glucagons—critical regulators of energy homeostasis. Nat Rev Endocrinol, 2015, 11 (6): 329-338.

[62] Westermark GT, Westermark P. Islet amyloid polypeptide and diabetes. Curr Protein Pept Sci, 2013, 14 (4): 330-337.

[63] Samsom M, Szarka LA, Camilleri M, et al. Pramlintide, an amylin analog, selectively delays gastric emptying: potential role of vagal inhibition. Am J Physiol Gastrointest Liver Physiol,

2000, 278（6）：G946-G951.
[64] Hinshaw L, Schiavon M, Mallad A, et al. Effects of delayed gastric emptying on postprandial glucose kinetics, insulin sensitivity, and β-cell function. Am J Physiol Endocrinol Metab, 2014, 307（6）：E494-E502.
[65] Westermark P. Amyloid in the islets of Langerhans: thoughts and some historical aspects. Ups J Med Sci, 2011, 116（2）：81-89.
[66] Johnson KH, O'Brien TD, Westermark P. Newly identified pancreatic protein islet amyloid polypeptide. What is its relationship to diabetes?. Diabetes, 1991, 40（3）：310-314.
[67] Mukherjee A, Morales-Scheihing D, Butler PC, et al. Type 2 diabetes as a protein misfolding disease. Trends Mol Med, 2015, 21（7）：439-449.
[68] Karra E, Chandarana K, Batterham RL. The role of peptide YY in appetite regulation and obesity. J Physiol, 2009, 587（1）：19-25.
[69] Ballantyne GH. Peptide YY（1-36） and peptide YY（3-36）： Part I. Distribution, release and actions. Obes Surg, 2006, 16（5）：651-658.
[70] Alyar G, Umudum FZ. Differences in the levels of the appetite peptides ghrelin, peptide tyrosine tyrosine, and glucagon-like peptide-1 between obesity classes and lean controls. Lab Med, 2024, 55（5）：553-558.
[71] Savage AP, Adrian TE, Carolan G, et al. Effects of peptide YY（PYY） on mouth to caecum intestinal transit time and on the rate of gastric emptying in healthy volunteers. Gut, 1987, 28：166-170.
[72] Pappas TN, Debas HT, Taylor IL. Enterogastrone-like effect of peptide YY is vagally mediated in the dog. J Clin Invest, 1986, 77：49-53.
[73] Putnam WS, Liddle RA, Williams JA. Inhibitory regulation of rat exocrine pancreas by peptide YY and pancreatic polypeptide. Am J Physiol, 1989, 256：G698-G703.
[74] Murphy KG, Bloom SR. Gut hormones and the regulation of energy homeostasis. Nature, 2006, 444（7121）：854-859.
[75] Lafferty RA, Flatt PR, Irwin N. Emerging therapeutic potential for peptide YY for obesity-diabetes. Peptides, 2018, 100：269-274.
[76] Schjoldager B, Mortensen PE, Myhre J, et al. Oxyntomodulin from distal gut. Role in regulation of gastric and pancreatic functions. Dig Dis Sci, 1989, 34：1411-1419.
[77] Carter CS, Kenkel WM, MacLean EL, et al. Is Oxytocin "Nature's Medicine"?. Pharmacol Rev, 2020, 72（4）：829-861.
[78] Bagger JI, Holst JJ, Hartmann B, et al. Effect of oxyntomodulin, glucagon, GLP-1, and combined glucagon +GLP-1 infusion on food intake, appetite, and resting energy expenditure. J Clin Endocrinol Metab, 2015, 100：4541-4552.
[79] Neumann ID, Slattery DA. Oxytocin in General Anxiety and Social Fear: A Translational Approach. Biol Psychiatry, 2016, 79（3）：213-221.
[80] Feldman R, Monakhov M, Pratt M, et al. Oxytocin Pathway Genes: Evolutionary Ancient

System Impacting on Human Affiliation, Sociality, and Psychopathology. Biol Psychiatry, 2016, 79 (3): 174-184.
[81] Kerem L, Lawson EA. The Effects of Oxytocin on Appetite Regulation, Food Intake and Metabolism in Humans. Int J Mol Sci, 2021, 22 (14): 7737.

第四节 免疫系统与肠道

一、免疫系统的构成

免疫系统：是机体执行免疫应答及免疫功能的重要系统，由免疫器官、免疫细胞和免疫分子组成，具有识别和清除外来病原体、维持人体内环境稳定的功能。

二、免疫系统对脑肠轴的影响

免疫调节：免疫系统通过识别和清除肠道中的病原体，维持肠道微生态平衡，从而间接影响脑肠轴的功能。当肠道发生感染或炎症时，免疫系统会迅速作出反应，释放细胞因子等免疫介质，这些介质可以通过神经内分泌途径影响大脑的功能。

免疫细胞与神经元的相互作用：免疫细胞如巨噬细胞、T 细胞等可以迁移到肠道神经系统周围，与神经元发生相互作用。这种相互作用可以影响神经元的兴奋性、传导性等，进而影响脑肠轴的功能。

三、脑肠轴对免疫系统的影响

神经内分泌调节：大脑可以通过神经内分泌系统调节免疫系统的功能。例如，当机体处于应激状态时，大脑会释放应激激素如皮质醇等，这些激素可以影响免疫细胞的活性和分布，从而调节免疫反应。

肠道微生物对免疫系统的调节：肠道微生物群落可以通过产生代谢物、神经递质等物质，影响免疫系统的发育和功能。例如，一些益生菌可以刺激免疫细胞产生抗炎因子，抑制炎症反应；而一些有害菌则可能引发免疫反应，导致肠道炎症等疾病。

四、免疫系统与脑肠轴在疾病中的作用

自身免疫性疾病：一些自身免疫性疾病如类风湿关节炎、系统性红斑狼疮等，

可能与肠道微生物群落失衡导致的免疫系统异常有关。这些疾病的发生和发展过程中，免疫系统会攻击自身组织器官，导致炎症和损伤。

神经系统疾病：一些神经系统疾病如帕金森病、阿尔茨海默病、多发性硬化等，也可能与脑肠轴障碍有关。这些疾病可能影响大脑对肠道的调节功能，或者肠道功能紊乱导致神经毒素的产生和积累，进而影响大脑的功能和结构。

五、免疫系统与脑肠轴的关系

在免疫系统方面，肠道是人体最大的免疫器官之一，肠道微生物群对免疫系统的调节起着至关重要的作用。肠道微生物可以影响免疫系统的发育、功能和稳态，而免疫系统的变化也能反过来影响肠道微生物群的组成和多样性。这种相互作用在维持肠道免疫平衡方面发挥着关键作用。

脑肠轴中的免疫系统还涉及全身的免疫反应。来自肠道微生物组的免疫刺激信号可能触发全身的先天性和适应性免疫反应，而适应性免疫系统也可以调节肠道微生物组的多样性和组成。这种双向的免疫调节机制是脑肠轴功能的重要组成部分。

此外，免疫系统在脑肠轴相关疾病中也发挥着重要作用。例如，在炎症性肠病（IBD）、类风湿性关节炎（RA）、1型糖尿病（T1D）等自身免疫性疾病中，肠道菌群紊乱和免疫系统异常是相互关联的。肠道微生物群紊乱可能导致免疫系统的异常反应，从而引发或加剧这些疾病。同样，一些中枢神经退行性疾病或认知障碍疾病，如阿尔茨海默病（AD）、产后抑郁症（PPD）和孤独症谱系障碍（ASD）等，也与肠道菌群紊乱和免疫系统的异常反应有关。

因此，维护脑肠轴的健康对于保持免疫系统的正常功能和预防相关疾病具有重要意义。这包括通过合理的饮食习惯维持肠道微生物的平衡、采取放松和减压的措施维护肠道健康、适当补充益生菌和益生元以改善肠道微生物群等。同时，针对脑肠轴相关疾病的治疗也应考虑免疫系统的调节和恢复，以实现更好的治疗效果和预后。

六、维护免疫系统与脑肠轴健康的建议

保持健康的饮食习惯：增加膳食纤维的摄入，减少高糖、高脂肪食物的摄入，有助于维持肠道微生态平衡和免疫系统的健康。

适量运动：运动可以促进肠道蠕动和血液循环，有助于改善脑肠轴的功能和免疫系统的活性。

保持良好的心理状态：避免长期压力和焦虑等负面情绪对免疫系统和脑肠轴的不良影响。可以通过冥想、瑜伽等方式来放松身心。

合理使用抗生素：避免滥用抗生素导致肠道菌群失调和免疫系统功能紊乱。

免疫系统与脑肠轴之间存在着密切而复杂的相互作用关系。维护它们的健康对于促进身心健康和提高生活质量具有重要意义。

第五节 炎症与脑肠同调

一、炎症的定义与分类

炎症是机体对于刺激的一种防御反应，表现为红、肿、热、痛和功能障碍。从生理学角度来看，它是具有血管系统的活体组织对损伤因子所发生的复杂的防御反应。这些损伤因子可以是生物性的，如细菌、病毒、寄生虫等病原体的入侵；也可以是物理性的，像高温、低温、紫外线、放射线等；还可以是化学性的，例如强酸、强碱、松节油等物质。当机体受到这些损伤因子刺激时，免疫系统会被激活，启动一系列的反应来试图消除有害刺激，修复受损组织，恢复机体的正常生理功能。炎症的过程涉及多种细胞（如白细胞、巨噬细胞等）、化学介质（如细胞因子、趋化因子等）以及血管和组织的变化。

二、急性炎症与慢性炎症的特点

（一）急性炎症的特点

1. 起病急骤

通常在短时间内迅速发生，例如皮肤被割伤后，几分钟到几小时内就可能出现局部的红、肿、热、痛等炎症表现。

2. 病程短

一般持续几天到几周。如果是普通的小伤口引起的急性炎症，可能在一周左右就逐渐恢复。

3. 症状明显

局部表现突出，红是因为局部血管扩张，动脉性充血使得局部皮肤或组织呈现红色；肿是由于血管通透性增加，导致液体和蛋白质渗出到组织间隙；热是因为局部血流加快，代谢增强，产热增多；痛则与多种因素有关，包括炎症介质如前列腺素等对神经末梢的刺激以及局部组织压力增加等。

全身反应可能有发热、白细胞增多等。发热是机体对炎症刺激的一种全身性反应，有助于提高机体的免疫功能，白细胞增多是免疫系统调动白细胞到炎症部位对抗病原体的表现。

（二）慢性炎症的特点

1. 起病隐匿

可能在机体长期受到低强度的刺激或者急性炎症没有得到彻底治愈的情况下，逐渐发展而来，开始时症状可能不明显，不易被察觉。

2. 病程较长

可持续数月甚至数年。例如，一些慢性关节炎可能会长期困扰患者，多年都难以完全康复。

3. 症状相对缓和但持续存在

局部组织可能会有轻度的肿胀，疼痛相对不太剧烈，但常常持续存在或间歇性发作。例如慢性胆囊炎患者可能会长期感到右上腹的隐痛不适。全身症状一般不如急性炎症明显，但可能会有疲倦、乏力、体重下降等非特异性表现。长期的慢性炎症还可能导致局部组织的增生、纤维化等改变，影响器官的正常功能。例如慢性肝炎可能导致肝脏组织纤维化，进而发展为肝硬化，影响肝脏的代谢和解毒等功能。

三、不同类型炎症的典型表现

1. 细菌感染炎症

典型的如肺炎链球菌引起的肺炎，患者除了有发热、咳嗽、咳痰等症状外，肺部听诊可闻及湿啰音，胸部 X 线检查可见肺部斑片状阴影。如果是皮肤的细菌感染，如金黄色葡萄球菌引起的脓疱疮，局部会出现红肿的脓疱，周围皮肤可能有红晕，脓疱破溃后可流出黄色脓液。

2. 病毒感染炎症

像流感病毒引起的流行性感冒，患者往往有高热、头痛、全身肌肉酸痛、乏力等症状，还可能伴有咳嗽、流涕等呼吸道症状。而乙型肝炎病毒引起的肝炎，早期可能症状不明显，逐渐可出现食欲不振、恶心、肝区不适等表现，长期可导致肝硬化，出现黄疸（皮肤和巩膜发黄）、肝掌、蜘蛛痣等体征。

3. 真菌感染炎症

例如足癣，常发生在足部，表现为皮肤瘙痒、红斑、脱屑，严重时可出现水疱、糜烂等。肺部的真菌感染相对较少见，但在一些免疫力低下的人群中可能发生，如白色念珠菌引起的肺部真菌感染，患者可能有咳嗽、咳痰，痰液可呈白色黏稠状，有时还会伴有低热、呼吸困难等症状。

4. 过敏性炎症

如过敏性鼻炎，接触过敏原（如花粉、尘螨等）后，患者会出现频繁打喷嚏、流清水样鼻涕、鼻痒、鼻塞等症状。过敏性哮喘则表现为喘息、气急、胸闷或咳嗽，多在接触过敏原（如动物毛发、某些化学物质等）后发作，严重时可导致呼吸困难。皮肤的过敏性炎症，如荨麻疹，皮肤上会突然出现大小不等的风团，伴有剧烈瘙痒，风团可在数小时内消退，但容易反复发生。

5. 自身免疫性炎症

类风湿关节炎是一种常见的自身免疫性疾病，主要侵犯关节。患者会有关节疼痛、肿胀、僵硬，尤其在早晨起床时关节僵硬明显，活动后可稍有缓解，随着病情进展，关节可能出现畸形，影响关节的正常功能。系统性红斑狼疮则是一种累及多系统、多器官的自身免疫性疾病，患者可出现面部红斑（典型的蝶形红斑）、发热、关节疼痛、口腔溃疡、肾脏损害（如蛋白尿、血尿等）等多种表现。

6. 物理性炎症

烧伤后的炎症反应，受伤部位会出现红肿、疼痛，创面可有渗出液。根据烧伤的程度不同，表现也有所差异。轻度烧伤可能仅有局部的红斑和轻度疼痛，而严重的烧伤可导致皮肤水疱、坏死，甚至累及皮下组织和肌肉等深部结构，还可能引发全身的炎症反应综合征，出现高热、休克等严重情况。冻伤时，受冻部位起初会感觉麻木，随后出现红肿、疼痛，严重时可发生水疱、溃疡等，尤其是在肢体末端如手指、脚趾等部位较为常见。

7. 化学性炎症

误服强酸或强碱后，可引起食管、胃等消化道的化学性炎症。患者会有剧烈的腹痛、呕吐，呕吐物可能带有血液或呈腐蚀性颜色。口腔、咽喉等部位也会有明显的烧灼痛，严重时可导致消化道穿孔、出血等危及生命的情况。化学物质引起的皮肤炎症，如接触性皮炎，接触某些刺激性化学物质（如某些化妆品成分、工业化学品等）后，接触部位会出现红斑、丘疹、水疱等，伴有瘙痒或疼痛。

四、炎症的发生机制

炎症的发生有着多种触发因素以及在细胞和分子层面的复杂反应过程。

首先，在触发因素方面，病原体入侵是常见情况。细菌如肺炎链球菌能通过多种途径进入人体，其表面成分会被免疫系统识别为异物从而触发炎症，引发肺部炎症症状。病毒如流感病毒通过感染细胞改变其正常功能，被免疫系统识别后启动炎症反应，导致流涕、咽痛等症状。真菌如白色念珠菌在特定条件下繁殖会引发炎症，像念珠菌病会出现局部红肿、瘙痒等表现。寄生虫如蛔虫在肠道内生长会造成黏膜损伤，引发肠道炎症及相关症状。

其次，组织损伤也能触发炎症。物理性损伤中，机械损伤破坏局部组织完整性，像皮肤割破时会启动炎症反应，血小板聚集止血并吸引免疫细胞。热损伤如烧伤会使局部组织细胞蛋白质变性坏死，引发炎症。辐射损伤会导致细胞 DNA 损伤，引发炎症反应甚至诱发皮肤癌。化学性损伤方面，强酸强碱等会破坏细胞结构导致坏死，某些药物副作用也可导致组织损伤和炎症。此外，缺血再灌注损伤在组织器官血液供应受阻又恢复灌注时，会引发更严重的炎症反应，例如心肌梗死患者血管再通后心肌组织炎症可能加重。

在细胞和分子层面，免疫细胞会被活化。巨噬细胞通过模式识别受体识别病原体或损伤相关分子模式，被激活后释放细胞因子并增强吞噬作用，还会将抗原呈递给 T 淋巴细胞。中性粒细胞在炎症早期会受趋化因子吸引向炎症部位聚集，通过释放活性氧物质和酶类来杀死病原体并释放炎症介质。T 淋巴细胞和 B 淋巴细胞也会参与，T 淋巴细胞被激活后分化为不同效应细胞调节炎症反应，B 淋巴细胞分化为浆细胞产生抗体促进病原体清除并激活补体系统。

同时，炎症介质会释放。细胞因子如 TNF-α、IL-1、IL-6 等在炎症反应中有着重要作用，TNF-α 能诱导血管内皮细胞表达黏附分子等，IL-1 可协同 TNF-α 促进炎症反应，IL-6 能调节免疫细胞功能等。趋化因子如 IL-8 能吸引白细胞向炎症部位迁移。活性氧物质由中性粒细胞和巨噬细胞在吞噬病原体时产生，可杀伤病原体但过多会损伤组织。花生四烯酸代谢产物如前列腺素、白三烯等参与炎症反应中的血管变化等。一氧化氮在炎症反应中也有多种生物学功能，但过量会对组织造成损伤。总之，炎症的发生机制十分复杂且精细，对其深入了解有助于认识相关疾病及寻找治疗策略。

五、脑肠同调与急性炎症的关系

从脑对急性炎症的影响来看。当身体发生急性炎症时，大脑可以通过神经内分泌系统对炎症过程进行调节。例如，在急性感染引发的炎症中，大脑接收到身体的免疫信号后，会调节下丘脑-垂体-肾上腺轴（HPA）的活动。HPA轴的激活会导致肾上腺皮质分泌糖皮质激素，糖皮质激素具有强大的抗炎作用。它可以抑制免疫细胞的活化，减少炎症介质如细胞因子的释放等。大脑还可以通过自主神经系统调节肠道的功能，在急性炎症状态下，大脑可能会调节肠道的蠕动和分泌功能，以适应身体的免疫反应。比如在某些急性肠道感染炎症中，大脑可能会减慢肠道蠕动，减少肠道内容物的推进，从而让肠道有更多时间来对抗病原体和修复损伤。

其次，肠道对急性炎症时脑功能的影响也不容忽视。当肠道发生急性炎症时，肠道内的免疫细胞会被激活并释放大量的炎症介质。这些炎症介质可以通过血液循环进入大脑，影响大脑的功能。例如，在急性肠炎时，升高的炎症介质可能会导致大脑出现发热、精神萎靡、食欲不振等症状。肠道微生物在急性炎症中也起着重要作用，肠道菌群的失衡可能会加重急性炎症反应，并且这种失衡产生的信号也可以通过脑肠轴传递给大脑，影响大脑的情绪和认知等方面。比如在急性肠道感染时，患者可能会出现焦虑、烦躁等情绪变化，这可能与肠道微生物的改变以及炎症介质对大脑的影响有关。

此外，脑肠同调的理念在急性炎症的治疗中也具有潜在价值。通过调节饮食来改善肠道功能和肠道微生物群落，有助于减轻急性炎症反应。例如，摄入富含膳食纤维的食物可以促进肠道有益菌的生长，维持肠道菌群的平衡，从而减少肠道炎症的发生和发展，间接影响大脑对炎症的调节。同时，心理调节如减轻压力、保持良好的情绪状态等，也可以通过脑肠轴对肠道的急性炎症产生积极影响。例如，通过冥想等方式减轻焦虑情绪，可能会调节肠道的免疫功能，促进肠道炎症的恢复。而药物治疗方面，一些既可以调节肠道功能又能影响大脑神经递质的药物，可能在急性炎症的治疗中发挥更好的效果，通过脑肠同调的方式加速炎症的消退和身体的恢复。

六、脑肠同调与慢性炎症的关系

从脑对慢性炎症的调控方面来看，大脑的神经内分泌系统在慢性炎症过程中持续发挥作用。长期的心理压力和不良情绪状态可能会通过影响大脑的神经内分泌调节，进而对慢性炎症产生影响。例如，当人长期处于焦虑或抑郁状态时，大脑会调节下丘脑-垂体-肾上腺轴（HPA），导致糖皮质激素分泌失调。糖皮质激素水平过高或过低都可能影响免疫系统的正常功能，使得身体对炎症的调控失衡。如果糖皮质激素长期分泌过多，可能会抑制免疫系统过度，导致机体对病原体的清除能力下降，使得一些潜在的感染或炎症因素持续存在，从而促进慢性炎症的发展。相反，如果糖皮质激素分泌不足，免疫系统可能会过度活跃，炎症反应也难以得到有效控制，同样会加剧慢性炎症。大脑还可以通过自主神经系统调节肠道的血液供应、黏液分泌等。在慢性炎症状态下，大脑对肠道的这些调节可能出现异常，比如长期的精神紧张可能导致肠道血管收缩，影响肠道的营养供应和修复能力，使得肠道炎症难以愈合，逐渐发展为慢性炎症。

肠道对慢性炎症中脑功能的影响同样显著。在慢性肠道炎症如炎症性肠病中，肠道黏膜长期处于炎症状态，免疫细胞持续活化并释放大量的炎症介质，如 TNF-α、IL-6 等。这些炎症介质不仅会在肠道局部造成组织损伤和功能障碍，还可以通过血液循环进入大脑。进入大脑后，它们会影响神经细胞的功能，导致大脑出现认知障碍、情绪改变等。例如，在长期患有炎症性肠病的患者中，很多人会出现焦虑、抑郁等情绪问题，同时可能伴有记忆力下降等认知方面的改变。肠道微生物群落的改变在慢性炎症中也起着关键作用。在慢性肠道炎症状态下，肠道菌群的组成和平衡会被破坏，有害菌增多，有益菌减少。这种菌群失衡会进一步加重肠道炎症，并且通过脑肠轴将信号传递给大脑。大脑接收到这些信号后，可能会调节免疫系统和神经内分泌系统，试图对肠道的炎症状态进行调节，但这种调节在慢性炎症状态下往往难以恢复正常的平衡，反而可能形成一种恶性循环，使得脑和肠的功能都受到持续的不良影响。

脑肠同调在慢性炎症的治疗和预防中具有重要意义。通过调节饮食来改善肠道功能和肠道微生物群落是一个重要的方法。选择富含益生菌、膳食纤维等的食物，可以促进肠道有益菌的生长，调节肠道免疫功能，减轻肠道炎症，从而通过脑肠轴对大脑产生积极影响，改善大脑的功能状态，减少因慢性炎症导致的情绪和认知问题。生活方式的调整也很关键，规律的作息和适度的运动可以调节大脑的神经内分泌和自主神经系统功能，同时也对肠道的蠕动、血液供应等产生积极影响，有助于维持脑肠轴的正常功能，减少慢性炎症的发生风险。心理调节同样不可忽视，通过心理干预如认知行为疗法等减轻心理压力和负面情绪，可以通过调节大脑改善肠道炎症，促进肠道炎症的恢复，打破慢性炎症的恶性循环。总之，深入理解脑肠同调与慢性炎症的关系，有助于开发综合的治疗策略来应对慢性炎症相关疾病，提高患者的生活质量。

第六节　肠道微生物群与脑肠同调

一、微生物群的组成与功能

健康的人体微生物群包括细菌、病毒和真菌等[1]。这些微生物潜居在皮肤、口腔、胃肠道、呼吸道和泌尿生殖道，占人体总体重的 1%~3%。其中人类肠道内的微生物群丰富且复杂。肠道微生物携带编码数千种微生物酶和代谢产物的基因[2,3]。这些代谢途径和微生物化合物促进饮食营养的消化和吸收，同时促进免疫和神经系统的成熟和保证其正常功能。人体微生物群由栖息在人体不同部位的动态微生物群落组成。微生物组与宿主的共同进化导致这些群落在促进人类健康方面发挥着深远的作用。

人类胃肠道内的微生物群会因所在的部位不同而呈现不同的特征，并对人体健康产生影响。这些微生物群的构成会随着人的年龄、饮食习惯和所处胃肠道位置的改变而改变。从功能上看，微生物产生的代谢物在维持人体健康方面提供了重要信号。微生物群的构成差异与某些慢性疾病有密切联系，研究表明，胃肠道微生物群改变与炎症性肠病、糖尿病和结直肠癌等疾病的发生发展有关。尽管目前无法精确定义健康的胃肠道微生物组成，但其通常表现出较高的生物多样性以及某些菌门和属的特定丰度；而且已识别出具有理想功能特征的微生物及其特定的代谢特征。随着新技术的出现，如下一代测序、全基因组鸟枪测序、全球代谢组学和先进的人工智能策略，以及人源化动物模型和基于培养的人类类器官系统，我们对微生物组的理解正在快速推进。

（一）健康胃肠道微生物组的特征

微生物组成具有动态特性，会随时间和地点的不同而发生变化，并且与个人的健康状况密切相关。微生物在人体内定植，并随着年龄的变化而发生改变。在儿童时期，微生物的多样性逐渐增加，并在青春期和成年期趋于稳定[4]。母乳喂养在婴儿早期的微生物组形成中起着重要作用，母乳喂养的婴儿肠道内主要以双歧杆菌和拟杆菌为主[5]。母乳喂养还会对婴儿体内微生物组和其免疫系统以及胃肠道的长期影响产生重要作用[6]。儿童和青少年的微生物群主要包括双歧杆菌属、粪杆菌属和毛螺菌属。儿童时期的肠道群落的功能主要为促进持续发育。与婴儿和儿童的微生物组相比，成年人的微生物组更为稳定，但也更容易受到环境因素而非遗传因素的影响。随着年龄的增长，健康个体的微生物多样性会逐步增加。反之，微生物多样性的减少则往往与多种疾病有关[7]。

在微生物群研究的早期阶段，主要集中于其对疾病的影响，并提出了正常肠道微生物群结构改变或失调的概念。微生物群的组成变化会受到饮食、抗生素、社会经济地位和地理位置的影响。简言之，健康微生物群的一个关键特征是其代偿性，即在受到干扰后能够恢复平衡状态的能力。

（二）胃肠道微生物组的结构组成

人类的胃肠道是一个复杂的系统，从食管开始，一直到肛门结束。由于样本收集方面的实际限制，目前大多数研究数据来源于远端结肠的微生物群。在整个胃肠道中，生理条件如 pH 值、胆汁含量和食物通过时间各不相同，这些因素导致了上消化道和下消化道中微生物群落的差异[8]。

口腔包含多个不同的微生物环境，其中包括扁桃体、牙齿、牙龈、舌头、脸颊、硬腭和软腭。口腔是消化道的入口，食物在这里进入并与唾液混合。研究发现，口腔内存在超过 1000 种微生物类群，因此专门建立了一个人类口腔微生物组数据库。96%的微生物类群属于六个主要门类：厚壁菌门、拟杆菌门、变形菌门、放线菌门、螺旋体门和梭杆菌门。在健康人的唾液中，主要存在孪生球菌属（gemella）、韦荣球菌属（veillonella）、奈瑟菌属（neisseria）、梭杆菌属（fusobacterium）、链球菌属（streptococcus）、普雷沃菌属（prevotella）、假单胞菌属（pseudomonas）和放线菌属（actinomyces）。此外，口腔内不同位置的生物多样性亦不相同[9-10]。

食物通过食管从口腔进入胃。与口腔相似，食管中最丰富的细菌为厚壁菌门和链球菌属[11]，可能跟来源于口腔有关[12]。鸟枪测序揭示了健康者食管中的三种不同群落类型[13]，分别为链球菌属、普雷沃菌属和韦荣球菌属，或嗜血杆菌属（副流感嗜血杆菌）和罗氏菌属。与其他胃肠道部位相似，年龄对食管微生物组的结构亦有影响，但质子泵抑制剂的使用或性别对其影响不显。目前针对与食管疾病发生相关微生物组组成改变的研究相对较少，因此未来有必要进一步研究以更好地阐明疾病的发病机制。

胃中含有蛋白水解酶和胃酸，可消化分解摄入的食物。由于其酸性环境，许多细菌的生长受到抑制。因此其特殊的环境被认为是抵御病原体的保护屏障。尽管胃酸 pH 值较低，但在胃中亦可发现多种微生物群。常见分布于胃体和胃窦的菌属，包括不定芽孢杆菌、链球菌科、肠杆菌科、钩端螺旋体科、韦荣氏菌科和假单胞菌科。人群个体一般按照幽门螺杆菌阳性和阴性分为两组。在幽门螺杆菌感染患者体内，变形菌门细菌表现增多，胃微生物群落的总体α多样性较低。此外当观察幽门螺杆菌阳性患者肠道微生物时，发现琥珀酸弧菌、革菌科、肠球菌科和立克次氏菌科的丰度增加。

小肠由十二指肠、空肠和回肠组成，是大多数营养消化和吸收的地方。十二指肠是小肠的一部分，食物从胃进入，胆囊中的胆汁酸盐和胰酶一起消化食物。然后，空肠和回肠的肠上皮负责营养吸收。代谢有利于简单的糖和氨基酸代谢，因此小肠以快速分裂的兼性厌氧菌为主，如变形菌门和乳酸杆菌门。这一发现得到了对通过肠镜检查获得的空肠样本分析研究的支持。一项研究表明，链球菌属、普雷沃菌属、韦荣球菌属、梭杆菌属、埃希菌属、克雷伯菌属和柠檬酸杆菌属较丰富，而极端厌氧菌如瘤胃球菌属和粪杆菌属则不存在。随着小肠部分的回肠段逐渐向远端前进，微生物组成变得更加复杂，多样性和丰富度方面接近结肠。Vaspapolli等人发现，十二指肠含有与胃相似的属（bacillales incertae sedis、streptococcaceae、enterobacteriaceae、leptorichiaeceae、veillonellaceae 和 pseudomonadaceae），而末端回肠的组成更接近结肠（clostridiaceae、lachnospiaceae、peptostreptococcaceae、ruminococcaceae、enterobacteriaceae 和 bacteroidaceae）。这些发现证明了小肠独特的微生物组成特征[14, 15]。

结肠由盲肠、升结肠、横结肠、降结肠和乙状结肠以及直肠组成。这是水和矿物质被吸收以及复杂的碳水化合物发酵的地方[16]。尚未被宿主消化的复杂食物抵达结肠后，为结肠内的微生物群提供了营养。健康人类的结肠会产生相对丰富的微生物，并且这些群落具有高度多样性。分布于结肠的细菌主要有芽孢杆菌门、假单胞菌门、拟杆菌门、放线菌门、支原体门、厚壁菌门、疣微菌门等。此外在升结肠和降结肠之间的微生物组在组成方面差异较小[17]。

（三）胃肠微生物组的功能特征

在胃肠道中产生的微生物代谢产物具有多种功能。胃肠道微生物组可以通过调节界内（微生物-微生物）和界间（微生物-宿主）的相互作用来影响人体健康。细菌通过群体感应释放细菌素、过氧化氢和乳酸，对肠道微生物组和病原体产生影响。此外，细菌可产生 γ-氨基丁酸（GABA）、色氨酸代谢物、组胺、多胺、丝氨酸蛋白酶抑制剂、乳头孢菌素、维生素、短链脂肪酸（SCFA）、长链脂肪酸（LCFA）和外膜囊泡（OMV），这些物质对人类上皮细胞、免疫细胞、间充质细胞和肠神经元产生影响。微生物神经调节剂如 GABA 可能参与肠道和中枢神经系统的通信，而微生物衍生的免疫调节剂如组胺与肠道免疫细胞相互作用。丝氨酸蛋白酶抑制剂是微生物来源的免疫调节剂的另一个实例，其类似于真核丝氨酸蛋白酶抑制剂，通过抑制弹性蛋白酶活性来抑制炎症反应。类似地，乳素是可以降解促炎信号的细菌酶。例如，乳杆菌分泌的乳霉素选择性降解淋巴细胞募集趋化因子 IP-10、I-TAC 和嗜酸性粒细胞趋化因子，从而抑制促炎信号级联反应。

短链脂肪酸（SCFA）是肠道微生物的重要副产物，在免疫调节、pH 平衡、钠和水的吸收以及黏液分泌中起着重要作用。肠道中最丰富的 SCFA 是乙酸盐、丁酸盐和丙酸盐，它们共同构成了微生物组产生 SCFA 的 90%以上，这些短链脂肪酸通过为肠细胞提供能量、维持肠黏膜屏障、激活抗炎信号级联反应等多种方式促进人类健康。其在肠道中的组成因微生物群、饮食和肠道 pH 值的不同而有所变化。丁酸盐主要在肠道上皮吸收，丙酸盐在肝脏吸收。此外，SCFA 转运蛋白还存在于免疫细胞、肠内分泌细胞、肾细胞和脑细胞中，表明 SCFA 对宿主生理功能影响之广泛。研究表明维持适当的丁酸盐水平对于胃肠道健康至关重要，其能够通过支持结肠细胞功能、减少炎症、维持肠道屏障完整性以及促进健康微生物群来增强胃肠道的健康。同时，丁酸盐在一些肠道疾病如炎症性肠病、胃肠道移植物抗宿主病和结肠癌中展现了保护作用。相反，较低的丁酸盐水平或缺乏产生丁酸盐的微生物与疾病的发生密切相关[18,19]。

肠道微生物能够产生维生素及生长和免疫功能所需的必需营养素，这些营养素主要在结肠中被吸收。肠道微生物的基因组编码了八种不同的 B 族维生素如钴胺素（B12）、叶酸（B9）、烟酸（B3）、泛酸（B5）等合成途径所需的酶[20]。宏基因组学研究还表明，肠道内富集了负责维生素前体生成的微生物酶途径，并通过细菌间的交叉喂养机制协同生产维生素[21-22]。最近的研究发现，维生素缺乏与肠道微生物群的减少密切相关，这与通过饮食补充维生素的效果不同，进一步证明了微生物维生素在宿主健康中的独特作用。比如维生素 K 参与血液凝固过程。维生素 B12 在神经功能和红细胞生成中发挥作用。叶酸在 DNA 合成和修复中必不可少等。

外膜囊泡（OMV）是肠道菌群产生的另一个关键免疫调节因子[23]。OMV 通常含有大量可溶性蛋白，这些蛋白可向多种细胞类型（包括先天性和适应性免疫系统中的细胞）发出信号。脆弱拟杆菌 OMV 介导的多糖荚膜抗原（polysaccharide capsular antigen, PCA）免疫调节作用已被广泛研究。研究发现脆弱拟杆菌 OMV 调节 CD4+T 细胞稳态和细胞因子产生，并直接影响树突状细胞（DC）[24]。这些免疫调节功能已被证明在缓解肠道炎症和中枢神经系统（CNS）炎症方面具有积极作用。

综上，胃肠道微生物群在维持人体健康中起着至关重要的作用，包括帮助食物消化与代谢、合成维生素和必需营养素、调节免疫系统、控制炎症、保护肠黏膜屏障，以及调节能量代谢、血糖和血脂水平等。此外，微生物群通过肠-脑轴影响神经系统功能，调节情绪和行为，并在抵抗病原体、预防代谢性疾病和炎症性疾病方面发挥重要作用。由此可见了解人类胃肠道微生物组成和功能特征对维持人类健康至关重要，随着人类微生物组研究在技术上的不断进步，未来不仅可以证明细菌代谢物在微调宿主反应中的关键作用，还会为宿主和人类微生物组之间的相互作用提供更精确的病因学解释，为人类健康提供新的指导方向。

二、微生物群调节脑肠轴的作用机制

肠道微生物群是定植于胃肠道内的共生微生物，其数量庞大，功能多样。这些微生物不仅参与碳水化合物的发酵和消化、维生素的合成等基本生理过程，还通过代谢产物和免疫信号影响宿主的健康状态。脑肠轴是一个复杂的双向通讯网络，连接着中枢神经系统和肠道神经系统，通过神经、内分泌、免疫和体液途径进行信息交换。近年来，肠道微生物群在脑肠轴中的作用机制逐渐受到科学界的广泛关注，微生物-肠道-脑轴的概念也受到学者们的重视。肠道微生物群不仅参与食物消化、营养吸收和免疫调节，还通过脑肠轴影响中枢神经系统及消化系统，从而影响人类的情绪、认知、消化等。因此肠道微生物作为肠脑轴功能的关键调节者之一，越来越受到精神类疾病、消化系统疾病、神经发育和神经退行性疾病的生理学基础研究领域的重视。

（一）微生物在脑肠轴中的调控机制

1. 微生物—神经系统调节机制

随着肠道微生物组学研究的深入，微生物与神经系统之间的密切联系逐渐浮出水面。在出生后肠道微生物的发育在一定程度上与大脑和胃肠道功能的发展相吻合。肠道微生物在颅神经的发育、髓鞘形成、小胶质细胞的激活和血脑屏障的形成中起着至关重要的作用[25]。微生物可通过多种途径与神经系统进行交互，共同维护脑肠轴稳态。

迷走神经是肠道微生物影响大脑功能的主要神经通路之一。迷走神经从脑干延伸并支配内脏，包括胃肠道，其传入纤维能够感知肠道内的机械和化学刺激，如神经递质、激素和细胞因子等。肠道微生物通过代谢产物如短链脂肪酸（SCFA）、色氨酸代谢产物等直接作用于迷走神经，进而影响大脑的情绪、认知和行为[26]。SCFA 作为肠道微生物发酵膳食纤维的主要产物，不仅为宿主提供能量，还能通过血脑屏障进入大脑，激活特定的神经元受体，如 G 蛋白偶联受体（GPCR），从而调节神经元的兴奋性和突触可塑性，此外，SCFA 还能通过迷走神经传入纤维将信号传递至脑干和下丘脑，参与调节食欲、能量平衡和应激反应[27]。

肠道微生物对肠道神经系统（ENS）的发育也是必不可少的。研究显示将正常肠道微生物群移植到无菌小鼠体内可恢复神经兴奋性及肠动力，并使肠道神经胶质细胞密度和肠道生理学正常化[28]。在中枢神经系统中，SCFA 还通过影响神经胶质细胞的形态和功能以及调节神经营养因子的水平、增加神经发生、促进血清素的生物合成以及改善神经元稳态和功能来影响神经炎症[29]。

另一方面，肠道微生物通过影响肠道神经系统的功能，间接调控中枢神经系统的活动。肠神经系统是一个独立于中枢神经系统的复杂神经网络，负责调节肠道的运动、分泌和免疫等功能。肠道微生物通过调节 ENS 的神经元活动和神经递质水平，影响肠道的感知和运动功能，进而通过肠-脑轴将信号传递至中枢神经系统[30]。例如，某些肠道微生物能够合成神经递质如 γ-氨基丁酸（GABA）和血清素（5-HT）等，这些神经递质通过肠道神经系统进入血液循环，最终影响大脑的情绪和认知功能[31]。

2. 微生物—免疫系统调节机制

肠道不仅是消化和吸收的主要场所，还是人体最大的免疫器官。肠道微生物与免疫系统之间的相互作用在脑肠轴中发挥着至关重要的作用。宿主和微生物群之间对话的主要模式之一是通过识别保守的微生物相关分子模式（MAMP）来介导的[32]。微生物相关分子模式，如脂多糖（LPS）、细菌脂蛋白（BLP）、鞭毛蛋白等，可激活各种细胞免疫系统，尤其是先天免疫细胞，如巨噬细胞、中性粒细胞和树突状细胞，通过脑血管屏障作用于神经元和神经胶质细胞，特别是微小胶质细胞表达的受体，影响脑功能[33]。肠黏膜由几种类型的肠上皮细胞（IEC）组成，包括杯状细胞和潘氏细胞，以及下面的固有层，IEC 下方的固有层包含多种类型的免疫细胞，包括抗原呈递细胞（例如树突状细胞）、T 细胞和 B 细胞[34]。微生物能够启动局部免疫反应，这一过程依赖于它们与表达模式识别受体（PRR）的免疫细胞之间的精细相互作用。这种互动激活了树突状细胞，作为关键的抗原呈递细胞，被激活的树突状细胞随后从胃肠道迁移至肠系膜淋巴结（MLN），在那里它们展示抗原给未成熟的 T 细胞，促使其分化为具有特定功能的效应性 T 细胞亚群。这些亚群主要包括调节性 T 细胞（Treg）和辅助性 T 细胞 17（Th17），一部分分化后的效应 T 细胞会迁移回胃肠道，直接参与并调节局部的免疫反应，通过分泌细胞因子或与其他免疫细胞相互作用来维持肠道稳态或应对感染，而另一部分则进入体循环，从而实现对机体免疫环境的全面调控，通过神经内分泌途径影响中枢神经系统的功能[34]。据报道，GF 小鼠中辅助性 T 细胞 1（Th1）和 Th17 细胞数量减少，以及 IL-22 和 IL-17 减少，导致相关 CD4+淋巴细胞的固有层（LP）数量减少。此外，肠道中的微生物群落的各种代谢物与肠道黏膜免疫细胞之间的相互作用对 Treq 细胞分化或 Teff 细胞特性具有重要意义。如 SCFA 可增强肠道系统中调节性 T 淋巴细胞的数量外，还可以通过对转录因子 NF-kB 和 HDAC 活性的抑制作用，促进抗炎作用和肠黏膜屏障功能[35]。

3. 微生物-内分泌系统调节机制

肠道微生物通过影响内分泌激素的合成、释放和代谢，调节宿主的能量平衡、代谢状态和生殖功能等，是脑肠轴调节机制的重要组成部分。下丘脑-垂体-肾上腺（HPA）轴是脑肠轴的重要组成部分，它通过调节应激反应在大脑和肠道之间实现双向通信。当个体受到应激刺激时，下丘脑释放促肾上腺皮质激素释放激素（CRH），CRH 作用于垂体前叶，促使其分泌促肾上腺皮质激素（ACTH），继而促使肾上腺皮质分泌糖皮质激素（如皮质醇），胃肠道也通过释放 GABA、神经肽 Y 和多巴胺等激素以内分泌方式对压力做出反应，这些激素在胃肠道紊乱、焦虑、抑郁等方面起重要作用[36]。研究发现在相同的外部压力下，SPF 小鼠比 GF 小鼠表现出更多的焦虑样行为，并且 GF 小鼠伴有 HPA 轴过度活跃，可以证实肠道微生物可参与 HPA 轴的调节[37]。除了 HPA 轴，肠道内分泌系统也是肠道微生物参与脑肠轴的重要组成部分。肠道内分泌细胞（enteroendocrine cell，EEC）是散布在肠道上皮中的特殊细胞类型，它们能够分泌多种激素和神经肽，参与调节消化道功能和代谢平衡。肠道微生物通过直接与 EEC 相互作用或者通过其代谢产物间接调节这些细胞的功能，进而影响脑肠轴。首先，肠道微生物能够产生短链脂肪酸（SCFA），这些 SCFA 可以通过与 EEC 上的 G 蛋白偶联受体（如 GPR41 和 GPR43）结合，调节激素的释放，促进 PYY（肽 YY）和 GLP-1（胰高血糖素样肽-1）的分泌[38]。PYY 和 GLP-1 是重要的食欲抑制激素，它们通过血液到达大脑，作用于下丘脑，调节食物摄入和能量平衡。此外，GLP-1 还具有神经保护作用，能够通过促进神经细胞的存活和生长因子释放，调节脑功能。同时，某些微生物产生的胆汁酸代谢产物能够激活 EEC 上的法尼醇 X 受体（FXR）和 TAKEDA G 蛋白偶联受体 5(TGR5)，这些受体的激活可以增加胆囊收缩素（CCK）的分泌[39]。CCK 是一种能够促进饱腹感和调节胃肠运动的激素，并通过迷走神经将信号传递至大脑。

（二）微生物调节脑肠轴参与相关疾病发生

近年来，研究表明肠道微生物在中枢神经系统疾病中的作用越来越受到关注。抑郁症、孤独症谱系障碍（ASD）和阿尔茨海默病等多种神经精神疾病与肠道微生物群的失调密切相关，肠道微生物通过脑肠轴影响中枢神经系统的功能，包括调节神经递质水平、神经炎症和脑功能的改变。在抑郁症的研究中，肠道微生物失调被发现与炎症反应的增加和血清素等神经递质水平的改变有关，将抑郁症患者的粪便移植到伪无菌的大鼠中，可以诱导受体动物抑郁症的行为和生理特征，包括快感缺乏和焦虑样行为，以及色氨酸代谢的改变，这表明肠道菌群可能在抑郁症特征的发展中起因果作用[40]。孤独症患者的肠道微生物群通常表现出多样性降低和特定菌群的失衡，这可能与行为异常和神经发育障碍相关。一项纳入40例ASD患者的研究显示，孤独症受试者的厚壁菌门/拟杆菌门比率显著增加，菌群中collinsella属、棒状杆菌属、dorea属和乳酸杆菌属的相对丰度显著增加[41]，而在动物模型中，使用PSA脆弱拟杆菌菌株治疗ASD小鼠可以改善孤独症相关的行为和胃肠道异常[42]。阿尔茨海默病是一种神经退行性疾病，其特征是大脑中β淀粉样蛋白（A-β）的异常积累，导致神经元功能受损和认知能力下降，而缺乏肠道微生物群的APPPS1转基因无菌小鼠，其大脑中Aβ淀粉样斑块的数量显著减少，与此同时，神经炎症和小胶质细胞激活也有所降低，肠道菌群可能通过调节宿主的免疫反应或产生有害的代谢物，如脂多糖（LPS），从而促进Aβ淀粉样蛋白的积累和神经炎症[43]。以上研究支持了微生物参与脑肠互动在神经系统疾病中的重要性，并提示干预肠道微生物群可能成为一种潜在的治疗策略。

在消化系统疾病中，脑-肠-微生态轴担任着极其重要的角色。肠易激综合征（IBS）是一种多方面的疾病，既有中枢因素也有外周因素在起作用，因此，它最常被描述为肠脑轴的生物心理社会疾病，研究表明肠道微生物群在IBS发病中起重要作用。2019年的一项全面系统评价显示，与健康对照组相比，IBS患者的肠杆菌科、乳杆菌科等杆菌科细菌水平升高，而双歧杆菌、粪杆菌和梭状芽孢杆菌的水平降低[44]。临床研究也证实，益生菌治疗和粪菌移植等干预措施，通过调节肠道微生物群的组成，已被证明可以改善IBS患者内脏疼痛及情志症状，这进一步支持了肠道微生物群在IBS脑肠互动异常中的关键作用。同样功能性消化不良（FD）的发病也被认为与脑肠轴失调密切相关。肠道菌群和脑肠轴在FD的发病中相互作用，形成一个复杂的调节网络。肠道菌群通过其代谢产物（如短链脂肪酸、胆汁酸、神经递质前体）影响脑肠轴自主神经功能、免疫反应和中枢感觉处理[45]。同时，脑肠轴的功能异常，如ANS失调和中枢感觉过敏，可能进一步导致肠道菌群的失调，形成一个恶性循环。这种相互作用不仅加剧了FD的症状，还使得患者的病情难以控制。在炎症性肠病（IBD）如克罗恩病和溃疡性结肠炎中，肠道微生物群的失衡被认为是触发和维持肠道慢性炎症的关键因素。

可以看出，肠道微生物通过多系统、多途径影响宿主的情绪、认知和胃肠道功能，在维护脑肠轴稳态中具有重要作用。然而目前对微生物群落的组成及其功能的理解尚不完善，特别是在不同生理和病理状态下微生物的变化及其机制，且现有的研究大多集中于动物模型，而在人类中的验证和应用尚不足够。因此未来研究需通过多组学方法深入分析微生物群落的结构和功能，尤其是在人类不同年龄段、健康状态及疾病条件下的变化规律。利用先进的神经影像技术和遗传工具，探索微生物群落和脑、胃肠功能之间的直接联系及其潜在机制。此外，建立更加复杂和真实的体外和体内模型，以模拟人体肠道微生物群与脑肠轴之间的复杂互动，将有助于更全面地理解其作用机制。

参 考 文 献

［1］Sender R，Fuchs S，Milo R. Revised Estimates for the Number of Human and Bacteria Cells in the Body.PLoS Biol，2016，14（8）：e1002533.

［2］Ehrlich S D. The human gut microbiome impacts health and disease. C R Biol，2016，339（7-8）：319-323.

［3］Ruan W，Engevik M A，Spinler J K，et al. Healthy Human Gastrointestinal Microbiome：Composition and Function After a Decade of Exploration. Dig Dis Sci，2020，65（3）：695-705.

［4］Hollister E B，Riehle K，Luna R A，et al. Structure and function of the healthy pre-adolescent pediatric gut microbiome.Microbiome，2015，3：36.

［5］Matamoros S，Gras-Leguen C，Le Vacon F，et al. Development of intestinal microbiota in infants and its impact on health. Trends Microbiol，2013，21（4）：167-173.

［6］McBurney M I，Davis C，Fraser C M，et al. Establishing What Constitutes a Healthy Human Gut Microbiome：State of the Science，Regulatory Considerations，and Future Directions. J Nutr，2019，149（11）：1882-1895.

［7］Ding R X，Goh WR，Wu RN，et al. Revisit gut microbiota and its impact on human health and disease. J Food Drug Anal，2019，27（3）：623-631.

［8］Berg R D. The indigenous gastrointestinal microflora. Trends Microbiol，1996，4（11）：430-435.

［9］Vasapolli R，Schütte K，Schulz C，et al. Analysis of Transcriptionally Active Bacteria Throughout the Gastrointestinal Tract of Healthy Individuals. Gastroenterology，2019，157（4）：1081-1092.e3.

［10］Baker J L，Mark Welch J L，Kauffman KM，et al. The oral microbiome：diversity，biogeography and human health. Nat Rev Microbiol，2024，22（2）：89-104.

［11］May M，Abrams J A. Emerging Insights into the Esophageal Microbiome. Curr Treat Options Gastroenterol，2018，16（1）：72-85.

［12］Hillman E T，Lu H，Yao T，et al. Microbial Ecology along the Gastrointestinal Tract. Microbes Environ，2017，32（4）：300-313.

［13］Deshpande N P，Riordan S M，Castaño-Rodríguez N，et al. Signatures within the esophageal microbiome are associated with host genetics，age，and disease. Microbiome，2018，6（1）：227.

［14］Sundin OH，Mendoza-Ladd A，Zeng M，et al. The human jejunum has an endogenous microbiota that differs from those in the oral cavity and colon. BMC Microbiol，2017，17（1）：

160.
[15] Villmones H C, Svanevik M, Ulvestad E, et al. Investigating the human jejunal microbiota. Sci Rep, 2022, 12 (1): 1682.
[16] Scheithauer T P, Dallinga-Thie G M, de Vos WM, et al. Causality of small and large intestinal microbiota in weight regulation and insulin resistance. Mol Metab, 2016, 5 (9): 759-770.
[17] Lawal S A, Voisin A, Olof H, et al. Diversity of the microbiota communities found in the various regions of the intestinal tract in healthy individuals and inflammatory bowel diseases. Front Immunol, 2023, 14: 1242242.
[18] Hodgkinson K, El Abbar F, Dobranowski P, et al. Butyrate's role in human health and the current progress towards its clinical application to treat gastrointestinal disease. Clin Nutr, 2023, 42 (2): 61-75.
[19] Ríos-Covián D, Ruas-Madiedo P, Margolles A, et al. Intestinal Short Chain Fatty Acids and their Link with Diet and Human Health. Front Microbiol, 2016, 7: 185.
[20] Said HM. Recent advances in transport of water-soluble vitamins in organs of the digestive system: a focus on the colon and the pancreas. Am J Physiol Gastrointest Liver Physiol, 2013, 305 (9): G601-610.
[21] Magnúsdóttir S, Ravcheev D, de Crécy-Lagard V, et al. Systematic genome assessment of B-vitamin biosynthesis suggests co-operation among gut microbes. Front Genet, 2015, 6: 148.
[22] Engevik MA, Morra CN, Röth D, et al. Microbial Metabolic Capacity for Intestinal Folate Production and Modulation of Host Folate Receptors. Front Microbiol, 2019, 10: 2305.
[23] Olsen I, Amano A. Outer membrane vesicles - offensive weapons or good Samaritans? J Oral Microbiol, 2015, 7: 27468.
[24] Fan Y, Pedersen O. Gut microbiota in human metabolic health and disease. Nat Rev Microbiol, 2021, 19 (1): 55-71.
[25] Sharon G, Sampson T R, Geschwind D H, et al. The Central Nervous System and the Gut Microbiome. Cell, 2016, 167 (4): 915-932.
[26] O'Riordan K J, Collins M K, Moloney G M, et al. Short chain fatty acids: Microbial metabolites for gut-brain axis signalling. Mol Cell Endocrinol, 2022, 546: 111572.
[27] Goswami C, Iwasaki Y, Yada T. Short-chain fatty acids suppress food intake by activating vagal afferent neurons. J Nutr Biochem, 2018, 57: 130-135.
[28] Margolis K G, Cryan J F, Mayer E A. The Microbiota-Gut-Brain Axis: From Motility to Mood. Gastroenterology, 2021, 160 (5): 1486-1501.
[29] Silva Y P, Bernardi A, Frozza R L. The Role of Short-Chain Fatty Acids From Gut Microbiota in Gut-Brain Communication. Front Endocrinol (Lausanne), 2020, 11: 25.
[30] Cryan J F, Dinan T G. Mind-altering microorganisms: the impact of the gut microbiota on brain and behaviour. Nat Rev Neurosci, 2012, 13 (10): 701-712.
[31] Chen Y, Xu J, Chen Y. Regulation of Neurotransmitters by the Gut Microbiota and Effects on Cognition in Neurological Disorders. Nutrients, 2021, 13 (6).

[32] Belkaid Y, Hand T W. Role of the microbiota in immunity and inflammation. Cell, 2014, 157 (1): 121-141.
[33] Sampson T R, Mazmanian S K. Control of brain development, function, and behavior by the microbiome. Cell Host Microbe, 2015, 17 (5): 565-576.
[34] Inamura K. Gut microbiota contributes towards immunomodulation against cancer: New frontiers in precision cancer therapeutics. Semin Cancer Biol, 2021, 70: 11-23.
[35] Sorboni S G, Moghaddam H S, Jafarzadeh-Esfehani R, et al. A Comprehensive Review on the Role of the Gut Microbiome in Human Neurological Disorders. Clin Microbiol Rev, 2022, 35 (1): e33820.
[36] Clark A, Mach N. Exercise-induced stress behavior, gut-microbiota-brain axis and diet: a systematic review for athletes. J Int Soc Sports Nutr, 2016, 13: 43.
[37] Huo R, Zeng B, Zeng L, et al. Microbiota Modulate Anxiety-Like Behavior and Endocrine Abnormalities in Hypothalamic-Pituitary-Adrenal Axis. Front Cell Infect Microbiol, 2017, 7: 489.
[38] Martin A M, Sun E W, Rogers G B, et al. The Influence of the Gut Microbiome on Host Metabolism Through the Regulation of Gut Hormone Release. Front Physiol, 2019, 10: 428.
[39] De Vadder F, Kovatcheva-Datchary P, Goncalves D, et al. Microbiota-generated metabolites promote metabolic benefits via gut-brain neural circuits. Cell, 2014, 156 (1-2): 84-96.
[40] Kelly J R, Borre Y, O'B C, et al. Transferring the blues: Depression-associated gut microbiota induces neurobehavioural changes in the rat. J Psychiatr Res, 2016, 82: 109-118.
[41] Strati F, Cavalieri D, Albanese D, et al. New evidences on the altered gut microbiota in autism spectrum disorders. Microbiome, 2017, 5 (1): 24.
[42] Hsiao E Y M S H S. The microbiota modulates gut physiology and behavioral abnormalities associated with autism. Cell, 2013, 155 (7): 1451.
[43] Harach T, Marungruang N, Duthilleul N, et al. Reduction of Abeta amyloid pathology in APPPS1 transgenic mice in the absence of gut microbiota. Sci Rep, 2017, 7: 41802.
[44] Pittayanon R, Lau J T, Yuan Y, et al. Gut Microbiota in Patients With Irritable Bowel Syndrome-A Systematic Review. Gastroenterology, 2019, 157 (1): 97-108.
[45] Mayer E A, Tillisch K. The brain-gut axis in abdominal pain syndromes. Annu Rev Med, 2011, 62: 381-396.

第三章 中医与脑肠同调之间的联系

第一节 脑与肠的中医生理学

一、脑的生理功能在中医理论中的定位

脑，又名髓海、头髓。脑深藏于头部，位于人体最上部，其外为头面，内为脑髓，是精髓和神明高度汇集之处，为元神之府。脑在人体内居于至高之位，至真至灵，为全身之主宰[1]。

(一) 对脑认识的发展

远古时代，中医对精神活动的实质、脑的解剖生理及病理，认识较为肤浅，受五行学说的影响，定脏为五，而心位于人体的中心，故尊心为"君主之官"，认为神的活动是心的功能，"脑"并不独立[2]。《内经》虽对脑有一定的认识，但仅限于"脑为髓之海"，对心、脑功能及病理处于混同阶段，将脑置于心的统辖之下。

从隋唐始，《黄帝内经太素》有"头是心神所居"。《千金要方》有"头者，人神所注"，《颅囟经》有"太乙元真在头，曰泥丸（即脑），总众神也"，方对脑、精神活动的认识渐趋明确。但仍因《内经》"心主神明之说"学术思想的牢不可破，尚不能推翻。直到清·王清任《医林改错》才大胆而明确地提出"灵机记性不在心在脑"。

直到民国时期，西方解剖学传入中国，西医又认为人的思维意识来自脑，于是在医学界就有了心与脑"孰主神明"这一争论。近代张锡纯认为："人之元神在脑，识神在心，心脑息息相通，其神明自湛然长醒。""心与脑，原彻上彻下，共为神明之府。一处神明伤，则两处神俱伤。"脑不但与心直接相关，且与其他

五脏亦密切相连，脑中气血生成与运行依赖于肺脾二脏，脑为髓之海，脑髓又为肝肾精血转化而成，从而创立五脏论脑学说[3]。如镇肝熄风汤、调气养神汤、荡痰汤等，均由此而来。从五脏角度论治脑病，突破了《黄帝内经》"心者，君主之官，神明出焉"的传统认识，是将中医整体观与西医解剖有机结合在一起的进一步发挥。

（二）脑的中医解剖形态

脑，位居颅腔之中，上至颅囟，下至风府（督脉的一个穴位，位于颈椎第1椎体上部），位于人体最上部。风府以下，脊椎骨内之髓称为脊髓。脊髓经项复骨（即第6颈椎以上的椎骨）下之髓孔上通于脑，合称脑髓。脑与颅骨合之谓之头，即头为头颅与头髓之概称。

脑由精髓汇集而成，不但与脊髓相通，"脑者髓之海，诸髓皆属于脑，故上至脑，下至尾骶，髓则肾主之"（《医学入门·天地人物气候相应图》），而且和全身的精微有关。故曰："诸髓者，皆属于脑"（《素问·五脏生成》）。

头为诸阳之会，为清窍所在之处，人体清阳之气皆上出清窍。"头为一身之元首……其所主之脏，则以头之外壳包藏脑髓"（《寓意草·卷一》）。外为头骨，内为脑髓，合之为头。头居人身之高巅，人神之所居，十二经脉三百六十五络之气血皆汇集于头。故称头为诸阳之会。

（三）脑的中医生理功能

《内经》认为，脑与十二经脉相连，具有宜封藏、喜静恶躁等生理特点，有总统诸神，主十二官、五官七窍，司运动等功能，是生命活动的主宰。《华洋脏象约纂》也指出："夫居之首之内，贯腰脊之中，统领官骸，联络关节，为魂魄之穴宅，生命之枢机，脑髓是也。"

1. 主宰生命活动

"脑为元神之府"（《本草纲目》），是生命的枢机，主宰人体的生命活动。在中国传统文化中，元气、元精、元神，被称为"先天之元"。狭义之神，又有元神、识神和欲神之分。元神来自先天，称先天之神，"先天神，元神也"（《武术汇宗》），"元神，乃本来灵神，非思虑之神"（《寿世传真》）：人在出生之前，形体毕具，形具而神生。人始生先成精，精成而脑髓生。人出生之前随形具而生之神，即为元神。元神藏于脑中，为生命的主宰。"元神，即吾真心中之主宰也"（《乐育堂语录》）。元神存则有生命，元神败则人即死。得神则生，失神则死。因为脑为元神之府，元神为生命的枢机，故脑不可伤，若针刺时，"刺头,中脑户,入脑立死"(《素问·刺禁论》),"针入脑则真气泄,故立死"(《类经·针刺类》)。

2. 主精神意识

《内经》认为"头者精明之府",是精髓和神明高度汇聚之处,总统神、魂、魄、意、志诸神。陈绍勋云:"头脑为神、魂、魄、意、志汇聚之所也。"神指精神、意识、思维、情感等活动;魂指脏腑、经络活动和躯体四肢运动等;魄指人体对外界反映及感觉等;意指构思、意向;志指记忆。《素问·八正神明论》在谈到神的表现时说:"请言神,神乎神,耳不闻,目明心开,而志先慧然独悟,口弗能言,俱视独见,适若昏,昭然独明,若风吹云,故曰神。"脑神健旺则五神有主,功能正常。

人的精神活动,包括思维意识和情志活动等,都是客观外界事物反映于脑的结果。思维意识是精神活动的高级形式,是"任物"的结果。中医学一方面强调"所以任物者谓之心"(《灵枢·本神》),心是思维的主要器官;另一方面也认识到"灵机记性不在心在脑"(《医林改错》)。"脑为元神之府,精髓之海,实记忆所凭也"(《类证治裁·卷之四》),这种思维意识活动是在元神功能基础上,后天获得的思虑实践活动,属识神范畴。识神,又称思虑之神,是后天之神。故曰:"脑中为元神,心中为识神。元神者,藏于脑,无思无虑,自然虚灵也。识神者,发于心,有思有虑,灵而不虚也"(《医学衷中参西录·人身神明诠》),情志活动是人对外界刺激的一种反应形式,也是一种精神活动,与人的情感、情绪、欲望等心身需求有关。

总之,脑具有精神、意识、思维功能,为精神、意识、思维活动的枢纽,"为一身之宗,百神之会"(《修真十书》)。脑主精神意识的功能正常,则精神饱满,意识清楚,思维灵敏,记忆力强,语言清晰,情志正常。否则,便出现神明功能异常。

3. 主感觉运动

眼耳口鼻舌为五脏外窍,皆位于头面,与脑相通。人的视、听、言、动等,皆与脑有密切关系。"五官居于身上,为知觉之具,耳目口鼻聚于首,最显最高,便于接物。耳目口鼻之所导入,最近于脑,必以脑先受其象而觉之,而寄之,而存之也"(《医学原始》)。"两耳通脑,所听之声归脑;两目系如线长于脑,所见之物归脑;鼻通于脑,所闻香臭归于脑;小儿周岁脑渐生,舌能言一二字"(《医林改错》)。

脑为元神之府,散动觉之气于筋而达百节,为周身连接之要领,而令之运动。脑统领肢体,与肢体运动紧密相关。"脑散动觉之气,厥用在筋,第脑距身远,不及引筋以达四肢，复得颈节膂髓，连脑为一，因遍及焉"（《内经》）。脑髓充盈，身体轻劲有力。否则，胫酸乏其功能失常，不论虚实，都会表现为听觉失聪，视物不明，嗅觉不灵，感觉异常，运动失调。

总之，脑实则神全。"脑者人身之大主，又曰元神之府"，"脑气筋人五官脏腑，以司视听言动"，"人身能知觉运动，及能记忆古今，应对万物者，无非脑之权也"（《医易一理》）。

（四）脑与五脏的关系

脏象学说将脑的生理病理统归于心而分属于五脏，认为心是君主之官，五脏六腑之大主，神明之所出，精神之所舍，把人的精神意识和思维活动统归于心，称之曰"心藏神"。但是又把神分为神、魂、魄、意、志五种不同的表现，分别归属于心、肝、肺、脾、肾五脏，所谓"五神脏"。神虽分属于五脏，但与心、肝、肾的关系更为密切，尤以肾为最。因为心主神志，虽然五脏皆藏神，但都是在心的统领下而发挥作用的。肝主疏泄，又主谋虑，调节精神情志；肾藏精，精生髓，髓聚于脑，故脑的生理与肾的关系尤为密切。肾精充盈，髓海得养，脑的发育健全，则精力充沛，耳聪目明，思维敏捷，动作灵巧。若肾精亏少，髓海失养，脑髓不足，可见头晕、健忘、耳鸣。甚则见记忆减退、思维迟钝等症。

脑的功能隶属于五脏，五脏功能旺盛，精髓充盈，清阳升发，窍系通畅，才能发挥其生理功能。

心脑相通："心脑息息相通，其神明自湛然长醒"（《医学衷中参西录·痫痓癫狂门》）。心有血肉之心与神明之心，血肉之心即心脏。"神明之心……主宰万事万物，虚灵不昧"（《医学入门·脏腑》），实质为脑。心主神明，脑为元神之腑；心主血，上供于脑，血足则脑髓充盈，故心与脑相通。临床上脑病可从心论治，或心脑同治。

脑肺相系：肺主一身之气，朝百脉，助心行血。肺之功能正常，则气充血足，髓海有余，故脑与肺有着密切关系。所以，在临床上脑病可以从肺论治。

脑脾相关：脾为后天之本，气血生化之源，主升清。脾胃健旺，熏蒸腐熟五谷，化源充足，五脏安和，九窍通利，则清阳出上窍而上达于脑。脾胃虚衰则九窍不通，清阳之气不能上行达脑而脑失所养。所以，从脾胃入手益气升阳是治疗脑病的主要方法之一。李东垣倡"脾胃虚则九窍不通论"，开升发脾胃清阳之气以治脑病的先河。

肝脑相维：肝主疏泄，调畅气机，又主藏血，气机调畅，气血和调，则脑清神聪。若疏泄失常，或情志失调，或清窍闭塞，或血溢于脑，即"血之与气并走于上而为大厥"；若肝失藏血，脑失所主，或神物为两，或变生他疾。

脑肾相济：脑为髓海，精生髓，肾藏精，"在下为肾，在上为脑，虚则皆虚"（《医碥·卷四》），故肾精充盛则脑髓充盈，肾精亏虚则髓海不足而变生诸症。"脑为髓海……髓本精生，下通督脉，命火温养，则髓益之"，"精不足者，补之以味，皆上行至脑，以为生化之源"（《医述》引《医参》）。所以，补肾填精益髓为治疗脑病的重要方法。

总之，脏象学说认为，五脏是一个系统整体，人的神志活动虽分属于五脏；但以心为主导；脑虽为元神之府，但脑隶属于五脏，脑的生理病理与五脏休戚相关。故脑之为病亦从脏腑论治，其关乎于肾又不独责于肾；对于精神意识思维活动异常的精神情志疾病，决不能简单地归结为心藏神的病变，而与其他四脏无关。对于脑的病变，也不能简单地仅仅责之于肾，而与其他四脏无关。

（五）脑与精气血津液的关系

脑为精髓汇集之处，其功能活动除与精密切相关外，脑的功能活动还必须以气血津液的正常循环为基本保证，与气血津液之间也有着密切的联系。人体气血通过十二经脉、奇经八脉和大小络脉的传注，皆上达于头面部，分别灌注于各个孔窍之中，以发挥其濡养脑髓和孔窍的作用。脑则通过经络的传导作用而发挥其主视、听、嗅、味等感觉的功能。故气血不足、气血瘀阻或气血逆乱，都可导致脑的功能失常，而出现精神活动或感觉、运动功能的障碍。津液源于饮食水谷，通过脾胃的运化功能而生成。津液中稠厚而流动性小的液能灌注骨节、脏腑和脑髓，具有充养脊髓、脑髓和脏腑的作用，是后天之精充养先天之精的主要表现。如《灵枢·五癃津液别》所言："五谷之津液，和合而为膏者……补益脑髓。"故液脱可以导致髓海空虚，而见腰膝酸软、头晕耳鸣等症。

（六）脑的病变

脑为元神，主司精神、意识、思维、记忆、情感、感觉和脏腑、经络、五官七窍、四肢百骸的功能活动。脑髓充足，脑神正常，则精神振奋，精力旺盛，反应灵活，思维敏捷，记忆力强，脏腑、经络及五官七窍、四肢百骸功能正常。若外邪侵扰，或内邪上犯，或脑髓不足，或气血逆乱等，皆可导致脑的病变，如出现"头晕""眩冒""大厥""薄厥""狂""善忘"及"目眩""视歧""目无所见""耳鸣""鼻渊""鼻衄""腰背痛""胫酸"等病症[5]。

（七）脑与消化系统

《内经》云："心与小肠相表里。"阐释了神与小肠的密切相关，《说文解字注》记载："胃为脾腑，肠为胃纪"，《本输》云："大肠小肠皆属于胃，是足阳明也。"张景岳在《类经》中云："形者神之体，神者形之用。"神的存在需要气血，水谷入胃，游溢精微，经脾运肠化，肝魂、心神、脾意、肺魄、肾志等神志活动得以正常运行，喜怒忧思悲恐惊七情得以产生，气机流转正常。

神明与消化系统相互影响，《医林改错》云："气血凝滞脑气，与脏腑不接"为神明影响消化系统；仲景云阳明腑实，"燥屎内结，腑气不通，渐及神明，便结腹满，狂妄躁动，神昏谵语"，锡纯所言"设或大气（即宗气）有时懈其灌注，必即觉脑空、耳鸣、头倾、目眩。"为消化系统影响神明。故不论五志七情抑或气机不利，除调节其本身外，当考虑调节消化系统；相反亦然，消化系统疾病，除调节本身外，调脑亦不可或缺[6]。

二、中医理论中胃肠道的生理功能

（一）脾胃的中医解剖形态

脾与胃的解剖位置均位于腹腔上部，脾附于左季胁的深部，膈膜之下，靠近胃的背侧左上方。古籍中提到"脾与胃以膜相连"（《素问·太阴阳明论》）。而胃则位于脾的前方，与膈下相连，上接食管，下通小肠。胃腔称为胃脘，分为上、中、下三部：上脘包括贲门，下脘包括幽门，中脘则介于上下脘之间，贲门连接食管，幽门通向小肠，是饮食物出入胃腑的通道。

脾的形态呈扁平椭圆弯曲状，如刀镰般弯曲，色紫赤，形似"扁似马蹄"（《医学入门·脏腑》），"其色如马肝紫赤，其形如刀镰"（《医贯》），在文献中也描述脾"形如犬舌，状如鸡冠"（《医纲总枢》）。而胃的形态则呈曲屈状，具有大弯小弯，正如《灵枢·平人绝谷》所言："屈，受水谷"；《灵枢·肠胃》亦云："胃纡曲屈"。

综上所述，脾胃虽为相邻器官，各具形态特征，其在脏象学说中的功能远超现代解剖学中脾与胃的定义。

（二）脾胃的中医生理特性

1. 脾的生理特性

（1）脾宜升则健　脾气的运动形式以升为主，升即向上。五脏各有升降，心肺在上，宜降；肝肾在下，宜升；脾胃居中，能升能降。脾升则脾气健旺，生理功能正常，因此称为"脾宜升则健"（《临证指南医案·卷三》）。脾胃的升降协调，形成了整体气机的动态平衡。

（2）脾喜燥恶湿　脾为太阴湿土之脏，胃为阳明燥土之腑。脾喜燥而恶湿，与胃喜润而恶燥相对。脾能运化水湿,调节体内水液代谢平衡。脾虚不运则易生湿,湿邪困脾则称为"湿困脾土",表现为头重如裹、脘腹胀闷、口黏不渴等症状。脾气虚弱导致水湿停聚者称为"脾病生湿",表现为肢倦、纳呆、脘腹胀满、痰饮、泄泻、水肿等。总之,脾具有恶湿的特性,并对湿邪有特殊的易感性。

（3）脾气与长夏相应　脾主长夏,脾气旺于长夏,脾脏的生理功能与长夏的阴阳变化相互通应。脾与中央方位、湿、土、黄色、甘味等有内在联系。脾运湿而恶湿,脾为湿困时,运化失职,可引起胸脘痞满、食少体倦、大便溏薄、口甜多涎、舌苔滑腻等症状,反映了脾与湿的关系。长夏时,处方常加入藿香、佩兰等芳香化浊醒脾燥湿之品。脾为后天之本,气血生化之源,脾气虚弱则出现倦怠乏力、食欲不振等症状,临床治疗脾虚多选用党参、黄芪、白术、扁豆、大枣、饴糖等甘味药物,体现了脾与甘的关系。

2. 胃的生理特性

（1）胃主通降　胃主通降,与脾主升清相对。胃的气机应通畅、下降。饮食物入胃,经胃腐熟初步消化后,下行入小肠,再经小肠分清泌浊,浊者下移大肠,变为大便排出。胃气通畅下行作用完成了这一过程,因此称为"水谷入口,则胃实而肠虚;食下,则肠实而胃虚"（《素问·五脏别论》）。胃之通降是降浊,降浊是受纳的前提条件。胃失通降,会出现纳呆脘闷、胃脘胀满或疼痛、大便秘结等症状,或恶心、呕吐、呃逆、嗳气等胃气上逆现象。胃气不降,不仅直接导致中焦不和,影响六腑通降,甚至影响全身气机升降,出现各种病理变化。

（2）喜润恶燥　胃喜于滋润而恶于燥烈。中医运气学说认为,风寒热火湿燥六气分主三阴三阳,阳明燥气主之,指运气而言。胃与大肠皆禀燥气,水入则消之使出,不得停胃（《伤寒论浅注补正·卷二》）。胃禀燥气,方能受纳腐熟而主通降,但燥赖水润湿济为常。胃之受纳腐熟,不仅赖胃阳蒸化,更需胃液濡润。胃中津液充足,方能消化水谷,维持通降下行之性。胃为阳土,喜润恶燥,其病易成燥热之害,胃阴每多受伤。治疗胃病时,注意保护胃阴,慎用苦寒泻下之剂,避免化燥伤阴[7]。

（三）脾胃的中医生理功能

1. 脾的生理功能

（1）脾主运化　脾主运化,意指脾具有消化吸收食物,并将其转输到全身各脏腑组织的功能。饮食物的消化和营养物质的吸收、转输,是脾胃、肝胆、大小肠等多个脏腑共同参与的复杂生理活动,其中脾起主导作用。脾的运化功能主要依赖于脾气升清和脾阳温煦的作用。脾气升则健,如《医学三字经·附录·脏腑》

所述："人纳水谷，脾气化而上行"。脾升则脾气健旺，生理功能正常。

脾运化水谷，即脾对饮食物的消化吸收。水谷泛指各种饮食物，脾通过运化水谷将食物化为水谷精微，并吸收水谷精微，将其转输至全身各处，最终上输心肺，化为气血等重要生命物质。如《医述》引《医参》所言："食物入胃，有气有质，质欲下达，气欲上行，与胃气熏蒸，气质之去留各半，得脾气一吸，则胃气有助，食物之精得以尽留，至其有质无气，乃纵之使去，幽门开而糟粕弃矣"。因此，脾主运化水谷精微包括消化水谷、吸收转输精微并将精微转化为气血的重要生理作用。

脾运化水湿，亦称运化水液，是指脾对水液的吸收和转输，调节人体水液代谢。脾与肺、肾、三焦、膀胱等脏腑共同作用，维持人体水液代谢平衡。脾居中焦，为人体气机升降的枢纽，在水液代谢中起重要作用。脾运化水湿功能正常，体内各组织能充分濡润，水液不过多潴留；若脾运化水湿功能失常，则水液停滞，形成水湿、痰饮等病理产物，甚至水肿。故曰："诸湿肿满，皆属于脾"（《素问·至真要大论》）。

（2）**脾主生血统血**　脾为后天之本，气血生化之源。脾运化的水谷精微是生成血液的主要物质基础。脾运化的水谷精微经过气化作用生成血液，脾气健运则血液充足，若脾失健运生血乏源，出现血虚症状。

脾具有统摄血液，使之在经脉中运行而不溢于脉外的功能。脾气能够统摄周身血液，使之正常运行而不致溢于血脉之外。脾统血的作用通过气摄血作用实现，脾为气血生化之源，气为血帅，血随气行。若脾气虚弱，则统摄无力，导致出血现象，称为脾不统血，表现为皮下出血、便血、尿血、崩漏等。

（3）**脾主升清**　脾主升清，是指脾具有将水谷精微等营养物质吸收并上输于心、肺、头目，再通过心肺化生气血，营养全身，并维持内脏位置相对恒定的作用。脾气主升与胃气主降形成升清降浊的动态平衡，共同完成饮食物的消化吸收和输布。

脾气升发，使机体内脏不致下垂，水谷精微正常吸收和输布，气血充盛，生机盎然。若脾气不能升清，则水谷不能运化，气血生化无源，出现神疲乏力、眩晕、泄泻等症状，甚至内脏下垂。

2. 胃的生理功能

（1）**胃主受纳水谷**　胃主受纳，指胃接受和容纳水谷的作用。饮食入口，经食管至胃腑，暂时存于胃中，这一过程称为受纳。故称胃为"太仓"或"水谷之海"。《灵枢·玉版》云："人之所受气者，谷也，谷之所注者，胃也。胃者水谷气血之海也"。《类经·藏象类》亦曰："胃司受纳，故为五谷之府"。机体的生理活动和气血津液的化生，都依赖于饮食物的营养，因此又称胃为水谷气血之海。

胃的受纳功能是胃主腐熟功能的基础，也是整个消化功能的基础。若胃有病变，会影响胃的受纳功能，出现纳呆、厌食、胃脘胀闷等症状。胃主受纳功能的强弱，取决于胃气的盛衰，反映于能食与不能食。能食，则胃的受纳功能强；不能食，则胃的受纳功能弱。

（2）胃主腐熟水谷　腐熟是指饮食物在胃内初步消化形成食糜的过程。胃接受由口摄入的饮食物，并使其在胃中短暂停留，进行初步消化，依靠胃的腐熟作用，将水谷变成食糜。《难经·三十一难》云："中焦者，在胃中脘，不上不下，主腐熟水谷"。饮食物经初步消化，其精微物质由脾运化而营养周身，未被消化的食糜则下行于小肠，形成胃的消化过程。若胃的腐熟功能低下，则会出现胃脘疼痛、嗳腐食臭等食滞胃脘之候。

胃主受纳和腐熟水谷的功能，必须与脾的运化功能相配合，才能顺利完成。如《注解伤寒论》所言："脾，坤土也。坤助胃气消腐水谷，脾气不转，则胃中水谷不得消磨"。脾胃密切合作，"胃司受纳，脾司运化，一纳一运"（《景岳全书·饮食门》），共同将水谷化为精微，化生气血津液，供养全身。因此，脾胃合称为后天之本，气血生化之源。饮食营养和脾胃的消化功能，对人体生命和健康至关重要，《素问·平人气象论》曰："人以水谷为本，故人绝水谷则死"。

（3）胃气的概念　中医学非常重视"胃气"，认为"人以胃气为本"。胃气强则五脏俱盛，胃气弱则五脏俱衰，有胃气则生，无胃气则死。胃气的含义有三：其一，指胃的生理功能和特性。胃为水谷之海，有受纳腐熟水谷的功能，又有以降为顺，以通为用的特性。这些功能和特性的统称谓之胃气。其二，指脾胃功能在脉象上的反映，即脉有从容和缓之象。其三，泛指人体的精气，《脾胃论·脾胃虚则九窍不通论》云："胃气者，谷气也，荣气也，运气也，生气也，清气也，卫气也，阳气也"。

胃气可表现在食欲、舌苔、脉象和面色等方面。一般以食欲如常，舌苔正常，面色荣润，脉象从容和缓，不快不慢为有胃气。临床上，往往以胃气之有无作为判断预后吉凶的重要依据，即有胃气则生，无胃气则死。保护胃气实际上是保护脾胃的功能。临证处方用药应切记"勿伤胃气"，否则胃气一败，百药难施。

（四）脾胃之间的关系

脾胃同居中焦，互为表里，既密不可分，又功能各异。胃主受纳和腐熟水谷，脾主运化而输布营养精微；脾主升清，胃主降浊，一纳一化，一升一降，共同完成水谷的消化、吸收、输布及生化气血的功能。大小肠为腑，以通降为顺。小肠司受盛、化物和泌别清浊之职，大肠则有传导之能，二者皆隶属于脾的运化升清和胃的降浊。实则阳明，虚则太阴。胃病多实，常有寒客热积，饮食停滞之患；脾病多虚，易现气虚、阳虚之疾。胃为阳土，喜润恶燥，因此胃病多热，多燥（津伤）；脾为阴土，喜燥恶湿，故脾病多寒，多湿。小肠之疾多表现为脾胃病变，大肠之病则为传导功能失常。若因饮食所伤、情志不遂、寒温不适、寄生虫感染、药物损伤、痰饮、瘀血内停、劳逸失度、素禀脾胃虚弱和肝、胆、肾诸病干及，可致脾胃纳运失司，升降失调，大肠传导功能失常而罹患脾胃虚弱、脾阳虚衰、胃阴不足、寒邪客胃、脾胃湿热、胃肠积热、食滞胃肠、湿邪困脾、肝气犯胃、瘀血内停等诸多脾胃肠证候。

脾与胃在五行属土，位居中焦，以膜相连，经络互相联络而构成脏腑表里配合关系。脾胃为后天之本，在饮食物的受纳、消化、吸收和输布的生理过程中起主要作用。脾与胃之间的关系，具体表现在纳与运、升与降、燥与湿几个方面。

胃主受纳和腐熟，是为脾之运化奠定基础；脾主运化，消化水谷，转输精微，是为胃继续纳食提供能源。两者密切合作，才能完成消化饮食、输布精微，发挥供养全身之用。所以说："脾者脏也，胃者腑也，脾胃二气相为表里，胃受谷而脾磨之，二气平调则谷化而能食"（《诸病源候论·脾胃诸病候》）。"胃司受纳，脾主运化，一运一纳，化生精气"（《景岳全书·脾胃》）。

脾胃居中，为气机上下升降之枢纽。脾的运化功能不仅包括消化水谷，还包括吸收和输布水谷精微。脾的这种生理作用主要是向上输送到心肺，并借助心肺的作用以供养全身，所以说"脾气主升"。胃主受纳腐熟，以通降为顺。胃将受纳的饮食物初步消化后，向下传送到小肠，并通过大肠使糟粕浊秽排出体外，从而保持肠胃虚实更替的生理状态，所以说"胃气主降"。"纳食主胃，运化主脾，脾宜升则健，胃宜降则和"（《临证指南医案》）。故脾胃健旺，升降相因，是胃主受纳、脾主运化的正常生理状态。升为升清，降为降浊，所以说："中脘之气旺，则水谷之清气上升于肺而灌输百脉；水谷之浊气下达于大小肠，从便溺而消"（《寓意草》）。总之，"脾胃之病，……固当详辨，其于升降二字，尤为紧要"（《临证指南医案·卷三》）。

脾为阴脏，以阳气用事，脾阳健则能运化，故性喜温燥而恶阴湿。胃为阳腑，赖阴液滋润，胃阴足则能受纳腐熟，故性柔润而恶燥。故曰："太阴湿土，得阳始运，阳明燥土，得阴自安。以脾喜刚燥，胃喜柔润也"（《临证指南医案·卷三》）。燥湿相济，脾胃功能正常，饮食水谷才能消化吸收。胃津充足，才能受纳腐熟水谷，为脾之运化吸收水谷精微提供条件。脾不为湿困，才能健运不息，从而保证胃的受纳和腐熟功能不断进行。由此可见，胃润与脾燥的特性是相互为用，相互协调的。故曰："土具冲和之德而为生物之本。冲和者，不燥不湿，不冷不热……燥土宜润，使归于平也"（《医学读书记·通一子杂论辨》）。因此，脾胃在病变过程中，往往相互影响，主要表现在纳运失调、升降反常和燥湿不济。

脾胃功能失调主要表现为纳运失调、升降反常和燥湿不济。因饮食不当、情志失调、寒温不适等原因，易导致脾胃病变，进而引发胃肠积热、湿邪困脾、肝气犯胃等多种病症。通过调理脾胃，促进脾胃功能恢复，才能维持消化系统的健康和整体生理功能的正常运转[8]。

三、脑和肠的生理基础及相互作用

（一）脑和肠的生理基础

1. 现代医学

（1）脑的生理基础　脑由端脑、间脑、脑干及小脑四部分构成，是中枢神经系统的核心。每一组成部分对人体的生理和心理功能都至关重要。它不仅控制着我们的基本生命活动，还负责更高级的认知功能，例如思考、记忆等。

端脑，通常也被称为大脑，是脑的最高级部分，由大脑半球、大脑皮质、沟和回、基底神经节和侧脑室等构成，负责执行复杂的认知功能和运动控制。

左半球负责语言处理、逻辑推理、数学能力等；右半球通常负责空间感知、面部识别、音乐和艺术欣赏等；覆盖在大脑半球表面的一层灰质，为大脑皮质，负责处理感觉输入、产生运动输出，并参与思考、计划、情感等高级认知功能；大脑皮质表面上有许多凹槽（沟）和隆起（回），增加了皮质的表面积；基底神经节则是位于大脑皮质深处的白质内的一组核团，参与运动控制、学习和习惯形成；侧脑室为端脑内的腔隙，含有脑脊液，对于脑组织的营养运输和代谢废物排除至关重要。

端脑的特定区域同样发挥着功能。端脑中的运动区域，特别是中央前回，负责发起和调节随意运动；感觉区域，尤其是中央后回，负责处理来自身体不同部位的感觉信息；边缘系统，包括海马、杏仁核等结构，位于端脑内部，参与情绪调节和动机行为；端脑中有专门负责处理视觉、听觉和嗅觉信息的区域；第一躯体运动区，位于中央前回和中央旁小叶的前部，负责调控身体各部位的运动；第一躯体感觉区，位于中央后回和中央旁小叶的后部，负责处理来自身体的感觉信息。

间脑，位于脑干和端脑之间，是脑的一个重要组成部分。主要由背侧丘脑、上丘脑、下丘脑、底丘脑四个部分组成。

背侧丘脑接收除了嗅觉外的所有感觉，将其传递给大脑皮层的相关区域；丘脑是网状结构上行激活系统的重要组成部分，参与维持清醒状态和意识水平；上丘脑中的松果体分泌褪黑素,调节睡眠-觉醒周期;且松果体和缰核参与调节情绪和睡眠;底丘脑核与基底神经节的其他结构一起参与运动控制;下丘脑进行生命维持功能的调节:包括体温、口渴、饥饿、水分平衡等基本生存需求;通过自主神经系统调节心率、血压;与垂体腺相连,通过释放或抑制特定激素来调节内分泌系统的活动;此外,下丘脑还参与情绪调节和某些本能行为。

脑干由延髓、脑桥和中脑三个部分构成。

延髓,位于脑干的最下部,与脊髓相连。控制基本的生命功能,如呼吸、心跳、血压等。包含调节呼吸和心血管活动的重要神经核团,同时参与传递感觉信息和运动信息。脑桥位于延髓上方,中脑之下。含有多个神经核,如三叉神经核、面神经核和展神经核等,是感觉和运动信息的重要传递站,包含调节睡眠周期、觉醒水平和呼吸速率的神经元。与小脑的连接紧密,有助于协调身体两侧肌肉的活动。中脑,位于脑桥上方,接近大脑的中心。包含控制眼球运动、瞳孔大小和调节视觉、听觉刺激反应的神经核。其他重要组成部分,如脑干网状结构,它是一种复杂的神经网络,分布在延髓、脑桥和中脑内部。可维持觉醒状态和调节睡眠;影响注意力、警觉性和意识水平;参与多种反射活动,例如吞咽反射、呕吐反射、角膜反射和瞳孔反射等。

小脑是大脑的一个重要组成部分,位于大脑半球的下方和脑干的后方,内部结构包括小脑皮层和小脑深部核团。其体积虽然只占大脑的10%左右,但包含约一半的脑细胞。

小脑的主要功能与运动控制、姿势平衡、协调和调节肌肉紧张度有关,并参与某些认知过程。小脑的功能:小脑通过接收来自脊髓的感觉信息和来自大脑皮层的运动指令来调整和精细控制运动;通过与前庭系统(位于内耳)的交互作用,来维持身体的姿势和平衡;通过与大脑皮层和其他神经系统结构的复杂连接网络进行交流,有助于确保运动的流畅性和准确性,并支持更复杂的认知功能,如学习和记忆、注意力、语言处理和情绪调节。

(2)大肠的生理基础 大肠是消化系统的最后一部分,没有重要的消化活动,主要功能是在于吸收水分和无机盐,并将食物残渣转变为粪便。

1)分泌肠液:肠液是由在肠黏膜表面的柱状上皮细胞及杯状细胞分泌的,分泌物中富含黏液和少量的酶,其中大量的黏液蛋白能保护肠黏膜和润滑粪便,而酶几乎不发挥分解作用。

2)运动形式:大肠的运动少而慢,主要有三种形式,袋状往返运动,在空腹和安静时最常见,有助于促进水的吸收;分节推进和多袋推进运动,在进食后或副交感神经兴奋时可见这种运动;蠕动,是肠道运动形式中最多见的一种。

3)排便功能:食物残渣在结肠内停留的时间较长,一般约10小时。在这一过程中，食物残渣中的一部分水分被结肠黏膜吸收，剩余部分经结肠内细菌的发酵和腐败作用后形成粪便并暂时储存在结肠内部，产生排便反射后，通过蠕动，将其推入直肠，并排出体外。

4）细菌活动：大肠内有大量细菌，主要是大肠杆菌、葡萄球菌等。大肠内的酸碱度和温度较适合于一般细菌的繁殖和活动。这些细菌通常不致病。细菌体内含有能分解食物残渣的酶，它们对糖及脂肪的分解称为发酵，对蛋白质的分解称为腐败。物质被分解后，有的成分由肠壁吸收后到肝脏进行解毒。此外，大肠内的细菌还能利用肠内较为简单的物质来合成维生素 B 复合物和维生素 K。

5）吸收功能：大肠对水和电解质具有很强的吸收能力，每天最多可吸收 5～8L；此外，大肠也能吸收由肠内细菌合成的维生素 B 复合物和维生素 K，以补充食物中摄入的不足；大肠也能吸收肠内细菌分解食物残渣而产生的短链脂肪酸，如乙酸、丁酸和丙酸等。

（3）小肠的生理基础　小肠分为十二指肠、空肠和回肠。进入十二指肠后便开始小肠内的消化和吸收。小肠内消化是整个消化过程中最重要的阶段。在这里，食糜受到胰液、胆汁和小肠液的化学性消化以及小肠运动的机械性消化，许多营养物质也都在此处被吸收，因而食物在经过小肠后消化过程基本完成，未被消化的食物残渣从小肠进入大肠。

1）肠内消化液：在小肠内的消化过程中，产生多种消化液，如胰液、胆汁和小肠液。胰液内含有大量的消化酶，如胰淀粉酶、胰脂肪酶、胰蛋白酶和糜蛋白酶等，分别水解淀粉、脂肪和蛋白质等营养物质；此外，还有少量碳酸氢根离子。肝细胞分泌胆汁，在胆囊储存及排泄，主要成分为胆盐、胆色素、胆固醇及卵磷脂，还有一部分水分，促进脂肪的消化和吸收、脂溶性维生素的吸收，部分胆汁还可中和胃酸及促进胆汁自身分泌。同时，还分泌有少量的小肠液。

2）运动形式：小肠的运动形式主要有三种，紧张性收缩，是小肠进行其他运动的基础，并使小肠保持一定的形状和位置；分节运动，对食糜有一定推进作用；蠕动，可将食糜向小肠远端推进一段后，在新的肠段进行分节运动，将食糜更充分的消化和吸收。

3）吸收功能：正常成年人的小肠长 4～5m。小肠内面黏膜具有许多环状皱襞，皱襞上有大量小肠绒毛，绒毛内部含有丰富的毛细血管、毛细淋巴管、平滑肌和神经纤维网等结构，最终使小肠的吸收面积达 200～250m。小肠除具有巨大的吸收面积外，食物在小肠内停留的时间较长（3～8 小时），以及食物在小肠内已被消化为适于吸收的小分子物质，这些都是小肠在吸收中发挥主要作用的有利条件。小肠是吸收的主要部位，糖类、蛋白质和脂肪的消化产物大部分在十二指肠和空肠被吸收，回肠具有其独特的功能，即能主动吸收胆盐和维生素 B12。

2. 中医理论

（1）脑　脑，又名"髓海"，"元神之府"，主宰生命活动、精神活动和主感觉运动。

1）主宰生命活动：精是构成脑髓的物质基础。《灵枢·经脉》说："人始生，先成精，精成而脑髓生。"《灵枢·本神》说："两精相搏谓之神。"元神来自先天，属先天之神。"脑为元神之府"，是生命的枢机，主宰人体的生命活动。元神藏于脑，为"吾真心中之主宰也"。

2）主宰精神活动：脑主元神而主志意。如《灵枢·本脏》说："志意者，所以御精神，收魂魄，适寒温，和喜怒者也。""灵机记性不在心在脑"（《医林改错·脑髓说》），脑具有主司记忆的功能。在"元神之府"脑的调控下，通过心的"任物"作用，承担接受和处理外界事物，属后天之神。情志活动是人对外界刺激的反应，与人的情绪、情感、欲望等心身需求有关，亦为先天"元神"所调控。

3）主感觉运动：《类经·疾病类》说："五脏六腑之精气，皆上升于头，以成七窍之用。"口、舌、眼、鼻、耳五官诸窍，皆位于头面，与脑相通，故视、听、言、动等功能，皆与脑密切相关。

（2）肠　狭义指小肠与大肠，广义指脾、胃、大小肠。

1）大肠：①主传导糟粕：大肠主传导，又称"传导之官"，指大肠接受由小肠下移的食物残渣，吸收水分，形成糟粕，经肛门排泄粪便的功能。大肠的传导糟粕，实为对小肠泌别清浊功能的承接。除此之外，胃气通降，包含大肠对糟粕的排泄作用；肺与大肠为表里，肺气肃降有助于糟粕的排泄；脾气运化，有助于大肠对食物残渣中津液的吸收；肾气的推动和固摄作用，主司二便的排泄。②主津，指大肠接受食物残渣，吸收水分的功能。由于大肠参与体内的津液代谢，故称"大肠主津"。

2）小肠：①主受盛化物：小肠主受盛化物，指小肠具有接受容纳胃腐熟之食糜，并作进一步消化的功能。小肠接受由胃腑下移而来的食糜而容纳之，即受盛作用；食糜在小肠内必须停留一定的时间，由脾气与小肠的共同作用对其进一步消化，化为精微和糟粕两部分，即化物作用。②主泌别清浊：小肠主泌别清浊，指小肠对食糜作进一步消化，并将其分为清浊两部分的生理功能。清者即精微部分，包括谷精和津液，由小肠吸收，经脾气转输至全身，灌溉四傍；浊者即食物残渣和水液，食物残渣经阑门传送到大肠而形成粪便，水液经三焦下渗膀胱而形成尿液。如《类经·藏象类》说："小肠居胃之下，受盛胃中水谷而厘清浊，水液由此而渗于前，糟粕由此而归于后，脾气化而上升，小肠化而下降，故曰化物出焉。"③主液，指小肠在吸收谷精的同时，吸收大量津液的生理功能。小肠吸收的津液与谷精合为水谷之精，由脾气转输到全身；部分水液经三焦下渗膀胱，生成尿液。《素问·经脉别论》有详细论述："饮入于胃，游溢精气，上输于脾，脾气散精，上归于肺，通调水道，下输膀胱，水精四布，五经并行。"

（二）脑和肠的相互作用

1. 现代医学

20世纪80年代在关于蛙皮素对胆囊收缩素（CCK）调节作用的研究中首次提出了"脑-肠轴"的概念，是将大脑和肠道功能整合的双向信息交流系统。脑-肠轴主要通过三大途径将脑与肠道连接起来，分别为：神经内分泌通路、免疫通路及微生物代谢通路。人体通过脑-肠轴间的通路进行胃肠道功能与神经系统的相互调节称为脑肠互动。

（1）神经内分泌通路　神经内分泌通路是脑肠互动的主要通路，包括自主神经系统（ANS）、肠神经系统（ENS）、中枢神经系统（CNS）、下丘脑-垂体-肾上腺轴（the hypothalamic-pituitary-adrenal axis，HPA）、中枢神经、自主神经和肠神经通过调控神经末梢和内分泌细胞，分泌脑肠肽。其中，一方面是由大脑通过中枢神经系统激活自主神经系统和神经-内分泌系统，将脑肠肽传递至肠神经系统或直接作用于胃肠道的平滑肌细胞参与胃肠道的调节；另一方面胃肠道也可通过刺激迷走神经或抑制兴奋神经元将脑肠肽传递至中枢神经系统，参与神经系统的调节。自主神经系统则通过交感神经和副交感神经调节中枢神经系统和肠神经系统，激活肥大细胞脱颗粒，释放多种活性肽物质（比如胆囊收缩素、P物质、降钙素）来调节胃肠道感觉、运动和分泌功能。被称为"第二大脑""胃肠微脑"的肠神经系统，可独立调节肠道功能。肠道黏膜接受内源性刺激，独立整合、处理信息，分泌神经递质发挥调控作用；或通过乙酰胆碱（Ach）受体和迷走神经建立突触，与中枢神经系统完成信息交流，接受调控。最后多种神经系统单独或共同作用于内分泌细胞，从而产生众多脑肠肽。脑肠肽主要有胃肠激素、胃肠神经肽、神经肽3类。目前发现的脑与胃肠道双重分布的脑肠肽已经达60种以上，具有激素及神经递质的功能。其中胆囊收缩素、P物质、降钙素、血管活性肽、神经肽和神经降压素相关肽等可通过血液循环穿过血脑屏障到达中枢，作为神经递质或作用于胃肠道感觉神经末梢或平滑肌细胞的相应受体，或作为激素调节和影响外周的器官，直接作用于特异性受体，兴奋或抑制胃肠靶细胞或效应细胞，引起胃肠平滑肌运动，形成上下双向调节环路。

（2）免疫调节通路　免疫通路是通过脑-肠轴双向作用联系胃肠道与中枢神经系统的通路之一，免疫细胞和免疫因子在脑肠互动中至关重要。研究发现肠道微生物可以影响小胶质细胞的发育，而小胶质细胞是中枢神经系统的免疫细胞，具有吞噬抗原、释放因子、激活反应等功能。由肠道黏膜构成的胃肠道屏障在脑-肠轴网络通路起着至关重要的作用，针对特定的微生物产物，胃肠道黏膜中的相应识别受体可以激活抗菌防御、肠道炎症和免疫耐受。肠黏膜屏障表面具有脂多糖、肽聚糖和鞭毛蛋白等细菌相关分子结构，可有效阻止细菌及相关有害物质透过胃肠道屏障进入血液。血脑屏障是免疫通路中的重要保障，若屏障受损，则物质含量改变，其表面细菌相关分子结构还会释放相关免疫活性物质，刺激产生炎症细胞因子，激活防御机制。

（3）微生物代谢通路　肠道微生物是人体最大的微生态系统，具有多样及复杂的动态代谢平衡，但其中尤以细菌数量最多。肠道菌群与大脑之间的相互作用是通过所谓的"脑-肠轴"来实现的。这一复杂的双向通信系统涉及神经内分泌、免疫及代谢多个途径。研究表明肠道菌群与促肾上腺皮质激素释放激素（corticotropin releasing hormone，CRH）、皮质醇含量存在联系，且与应激状态下的 HPA 轴反应呈相关性。

2. 中医理论

中医学中虽未明确提出"脑肠轴""脑肠互动"的概念，但在整体观念理论的指导下，脑肠在生理上密切相关。

（1）经络相通　经络具有运行气血，联系脏腑，沟通内外的作用。而在脑与肠之间存在广泛的经络联系。"头为诸阳之会"，《灵枢·经脉》载"大肠手阳明之脉，起于大指次指之端……小肠手太阳之脉……至目锐眦……斜络于颧"。周流经气，联络肠与大脑，形成物质通路，进行上下能量信息交流。此外，手阳明经筋"上额角，络头部"，联系头与大肠。

（2）生养相关　《灵枢·经脉篇》曰："人始生，先成精，精成而脑髓生"，《灵枢·五癃津液别第三十六》"五谷之津液，和合而为膏者，内渗入于骨空，补益脑髓，而下流于阴股"。脑由先天之精所化，同时，后天化物将所生精微物质，通过经络周流布达全身，充养精髓，进而补益于脑，方可发挥正常生理功能。中医认为广义的"肠"，泛指消化系统，包含食管、脾胃及大小肠。《素问·灵兰秘典论》"脾胃者，仓廪之官，五味出焉。大肠者，传道之官，变化出焉。小肠者，受盛之官，化物出焉。" 各自气机调畅则肠腑所生精微物质，通过经络周流布达全身，充养脑髓，使脑窍清明。

（3）神明共统　中医理论中，脑与心共主神明，主宰人体生命活动、主精神意识和感觉运动。"脑为元神之府"，主司神明。心为"君主之官"，"五脏六腑之大主也"，藏神主神明。人体以五脏六腑为本，元神总司五脏生理活动，故脑调控着肠腑的化生功能。又在于调控精神活动，使其不受异常情志的影响而保持正常的生理功能。《灵枢·平人绝谷》曰："神者，水谷之精气也"，阐述了"神"与"水谷"二者相互为用，神明共统的关系。

四、脑、肠与情志的联系

随着人类对健康与疾病认知的不断深化，医学领域经历了从机械论到生物医学，再到心身医学的范式转变。这一历程不仅拓宽了人们对疾病本质的理解，也促使人们关注到生物体内部复杂网络间的相互作用，而回顾中医发展史，我们发现中医早就提出了"千般疢难，不越三条"，情志过极可能直接伤及脏腑精气，也可能通过扰乱气机而致病，如脑肠轴与情志系统之间的紧密联系。本章节旨在探讨脑肠与情志新视角，以期为临床实践与科学研究提供启示。

（一）概念梳理

1. 脑肠轴

脑肠轴构建了一条大脑与肠道之间的双向沟通桥梁，是一个错综复杂的神经-内分泌-免疫网络体系，涵盖了肠神经系统（ENS）、自主神经系统（ANS）、中枢神经系统（CNS）以及下丘脑-垂体-肾上腺轴（HPA）。此网络通过精密的调控机制，维持着机体内环境的稳态。

肠道作为这一复杂网络的关键一环，通过多种途径向大脑传递信息，包括但不限于迷走神经（vagus nerve，VN）的直接连接、HPA轴的激素调节、肠道微生物的代谢产物以及脑肠肽等信号分子的介导。这些信号分子在肠脑之间穿梭，构建起信息传递的桥梁。脑肠肽是一类独特的多肽物质，它们不仅广泛分布于神经系统，还大量存在于消化道中，兼具内分泌激素与神经递质的双重角色。这些脑肠肽在脑肠轴的各个通路上高度活跃，参与胃肠道多种生理功能的精细调控，包括但不限于蠕动、分泌、吸收等过程。此外，部分脑肠肽还展现出对精神情绪状态的调节作用，进一步凸显了脑肠轴在身心健康中的重要作用。

中医认为"脑"指神明之枢心脑。陈无择《三因极一病证方论》认为："头者诸阳之会，上丹产于泥丸宫，百神所集"，阐明脑为髓海、元神之府，与心共主神明，共同主宰五脏六腑的生命活动，且与情志密切相关。"肠"指脏腑之枢脾胃及大肠、小肠。"脾胃为后天之本"，脾胃的功能与情绪密切相关，脾藏营舍意、主思，情志因素是导致脾胃疾病的一个重要因素。中医治疗消化系统疾病时，也常常关注患者的情绪状态，并进行调理。

西医对脑肠轴的研究起步较晚，但随着研究的深入，越来越多的证据表明脑肠轴在消化系统疾病和情绪障碍中发挥重要作用。例如，功能性胃肠病（如肠易激综合征）和抑郁症等疾病，都与脑肠轴功能紊乱有关。脑肠轴的研究为情绪障碍的治疗提供了新的思路，例如通过调节肠道菌群或使用益生菌来改善情绪。

2. 情志

情志，即情绪与情感，是人体对外界客观事物刺激的正常反应，反映了机体对自然、社会环境变化的适应调节能力。近年来，现代医学日益倾向于从生成性视角深入探讨情绪机制的复杂因素，揭示情绪并非孤立地存在于个体的颅内环境，而是根植于"大脑、躯体与外部环境三者间动态交互与紧密耦合的过程之中"。这一观念摒弃了情绪作为纯粹"非具身性精神体验"的传统看法，转而强调情绪的产生与表达是一个多维度、综合性的过程，其中认知功能、情感体验以及外界环境均作为不可或缺的要素，共同参与并相互塑造，构成了情绪机制的具身性基础。这与中医理论中的情志观点不谋而合。

在中医理论中，情志被视为人体五脏功能活动的外在表现，与五脏的生理、病理变化密切相关。对于情志的认识，一般认为情志是指七情（喜、怒、忧、思、悲、恐、惊）和五志（神、魂、魄、意、志）。情志活动的生成与五脏精气的盛衰紧密相连，其基本原理阐述如下：心脏主宰喜悦之情，然而过度喜悦则可能损伤心脏；肝脏与愤怒情绪相应，过度的愤怒会伤及肝脏；脾脏关联思考，过度的思虑会耗损脾脏；肺脏主导悲忧情绪，过度的悲伤与忧虑会对肺脏造成损害；肾脏则与惊恐情绪紧密相连，过度的惊恐将损伤肾脏。此"喜、怒、忧、思、悲、恐、惊"七情，各自与五脏形成对应关系，体现了中医理论中情志与脏腑的深刻联系。

古人智慧的深层探索，进一步揭示了意识层面的"五志"——神、魂、魄、意、志，它们同样与五脏紧密相关，形成"心藏神、肺藏魄、肝藏魂、脾藏意、肾藏志"的对应关系。这一理论强调了神志活动以脏腑功能的健全为基础，脏腑精气充盈则神气饱满，体现了中医"形神合一""形与神俱"的整体观念。

（二）脑肠与情志的关系

1. 脑肠对情志的影响

（1）脑肠肽与情志　脑肠肽是一类在脑和胃肠道中双重分布的肽类分子，具有神经递质和胃肠激素的双重作用。它们通过复杂的信号网络，将胃肠道的感觉、运动及分泌功能与中枢神经系统紧密联系在一起，形成脑肠轴。常见的脑肠肽包括胃动素、胆囊收缩素（CCK）、生长抑素、P物质等，它们通过自分泌、旁分泌、内分泌、神经递质及神经内分泌等多种方式发挥生物作用。脑肠肽能够直接调控胃肠道的蠕动、分泌及吸收等生理功能。如胃动素能促进胃排空和肠道蠕动，胆囊收缩素则参与胆汁分泌和胆囊收缩的调节。这些调控作用不仅保证了胃肠道的正常运行，还为情志活动的生成提供了物质基础。

研究表明，脑肠肽在焦虑与抑郁等情绪障碍的发病过程中扮演着重要角色。例如，CCK的过度表达与焦虑样行为相关，而胃动素的缺乏则可能导致抑郁症状的出现。这可能与脑肠肽对中枢神经系统内情绪调节区域的直接作用以及其对内分泌和免疫系统的间接调控有关。

（2）肠道菌群与情志　肠道菌群作为人体微生态系统中的关键成员，其多样性与功能活性在精细调控情绪稳态方面展现出非凡的复杂性。这些微生物群落不仅能够编码并表达合成神经递质的酶系，如色氨酸羟化酶，该酶是血清素（5-羟色胺）合成的限速步骤，以及酪氨酸羟化酶，参与多巴胺的前体生成。这些神经递质穿越血脑屏障或直接通过迷走神经途径，精准靶向杏仁核与海马体等情绪调控中枢，精细调节情绪反应、学习记忆及行为决策等高级神经功能。

当肠道菌群平衡被打破，即所谓的"菌群失调"发生时，一系列分子级联反应被触发。首先，有害菌的过度增殖可能释放脂多糖等病原体相关分子模式（PAMP），激活肠道固有免疫与适应性免疫，诱导局部炎症反应。此炎症反应不仅限于肠道，其产生的细胞因子如IL-1β、TNF-α等通过体循环至大脑，激活小胶质细胞等神经免疫细胞，促进炎症因子的脑内合成，形成神经炎症微环境，干扰神经元间信号传递，影响情绪处理与行为调控网络。

同时，肠道菌群失调还通过肠-脑轴的另一重要途径——HPA轴，间接调控情绪。炎症反应信号上传至下丘脑，刺激CRH（促肾上腺皮质激素释放激素）释放，进而激活垂体分泌ACTH（促肾上腺皮质激素），最终导致肾上腺皮质醇的大量释放。皮质醇作为应激激素，其异常升高不仅影响能量代谢与免疫稳态，还通过负反馈机制作用于海马体等区域，抑制神经再生与突触可塑性，加剧情绪障碍的发展，如焦虑、抑郁等情绪症状的出现与加剧。

（3）中医脑肠与情志　在中医理论中，脑与肠之间存在着密切的关联，共同影响着人体的情绪状态。脑作为"元神之府"，不仅是神志活动的核心，更是情志调节的关键所在。而肠，作为脾胃功能的延伸，其运化水谷、吸收精微、排泄糟粕的功能，直接关系到气血的生成与输布，进而对脑的营养供应及情志活动产生深远影响。

中医认为，心主神明，而脑生神，两者相辅相成，共同维系着人的神志活动。心是神明产生的根源，而脑则是神明流注、显现的场所。这一理论强调了心脑之间的紧密联系，以及它们在情志调节中的核心地位。同时，肝主疏泄，调畅气机，与情志活动密切相关，尤其是肝藏魂，魂作为五神之一，其安定与否直接影响到人的情绪状态。虽然情志变化主要由肝所主，但其实际作用则体现在脑的功能上，体现了脑肠轴在情志调节中的重要作用。

《灵枢·平人绝谷》有云："神者，水谷之精气也。"这明确指出，神的物质基础来源于水谷精微。脾胃作为气血生化之源，其运化功能直接决定了水谷精微的吸收与转化。这些精微物质随着脾胃气机的升降出入，上输于心脑，以滋养元神，维持神志清晰、情绪稳定。因此，脾胃功能的强弱，直接关系到脑的营养供应及情志活动的正常进行。

当肠胃功能发生紊乱时，如脾胃气虚、气滞、湿热等，均会导致气血生化不足或运行不畅，进而影响脑的营养供应及功能发挥。特别是过度思虑，易导致脾气郁结，进而影响脾胃的运化功能，形成恶性循环。此时，不仅会出现食欲不振、腹胀、便溏等消化系统症状，更会出现善忘、易怒、焦虑等情志异常的表现。正如《内经》所言："上气不足，下气有余，肠胃实而心肺虚，虚则营卫留于下，久之不以时上，故善忘也。"这充分说明了肠胃功能紊乱对情志活动的负面影响。

2. 情志对脑肠的影响

（1）情志对胃肠动力　情志变化主要通过影响胃肠平滑肌的收缩活动来调节胃肠动力。平滑肌细胞是胃肠道的主要运动单位，其收缩和舒张受到神经和激素的双重调控。在神经调控方面，情志变化导致中枢神经系统释放的神经递质（如乙酰胆碱、去甲肾上腺素、血管活性肠肽等）通过迷走神经和脊髓传入传出通路作用于胃肠道平滑肌细胞，影响其收缩力和运动节律。此外，胃肠道内还存在一个独立的肠神经系统（ENS），它能够通过局部反射调节胃肠动力，与中枢神经系统形成双向调节网络。焦虑、抑郁等负面情绪可抑制胃肠平滑肌的收缩，延缓胃排空和肠道传输时间，导致消化不良、腹胀等症状。而积极情绪则有助于促进胃肠蠕动，加速食物消化和排泄。情志变化影响的主要分泌器官包括胃壁细胞、主细胞和壁外细胞等，它们分别负责胃酸的分泌、胃蛋白酶原的激活以及内因子的产生。在激素调控方面，情志变化可引起下丘脑-垂体-肾上腺轴（HPA）的激活，释放的应激激素（如皮质醇）可通过血液循环作用于胃肠道，刺激或抑制相关分泌细胞的活动。同时，胃肠道内的局部激素（如胃泌素、组胺等）也参与这一过程，形成复杂的调控网络。负面情绪可引起胃酸分泌增加，胃蛋白酶原激活增多，从而诱发或加重胃炎、胃溃疡等消化道疾病。而积极情绪则有助于维持胃酸分泌的平衡，保护胃黏膜健康。

（2）情志对肠道微生态　情志变化通过影响肠道菌群的组成和代谢活动来调

节肠道微生态。肠道菌群是一个复杂的生态系统，包含数千种微生物，它们与宿主之间形成了共生关系。情志变化可能通过影响宿主的免疫功能、代谢途径以及肠道黏膜屏障功能等机制来干扰肠道菌群的稳态。例如，负面情绪可降低肠道黏膜屏障的完整性，使得有害菌易于穿透黏膜层进入血液循环，引发全身性炎症反应。同时，肠道菌群代谢产生的短链脂肪酸（如乙酸、丙酸、丁酸等）以及神经递质（如血清素、多巴胺等）也参与情志调节过程，形成双向调控关系。长期负面情绪可导致肠道菌群失衡，有益菌数量减少，有害菌比例增加，进而引发肠道炎症、免疫功能下降等问题。这些肠道问题又可能通过脑肠轴反馈至中枢神经系统，形成恶性循环，进一步加重情志失调症状。

（三）小结

在治疗脾胃疾病时，中医倡导的是一种心身并治。除了草药、针灸等治疗手段外，还包括调整生活方式、进行情志调摄，如通过冥想、太极、音乐疗法等手段，来达到心身的和谐统一。通过这些方法，不仅能够缓解情绪对脾胃的负面影响，还能够促进整体健康，体现了中医的整体观和预防观。如心理干预：运用认知行为疗法、放松训练、冥想等心理调节方法，帮助患者缓解焦虑、抑郁等负面情绪，恢复心理平衡。药物治疗：根据患者病情，合理选用调节神经递质、改善胃肠道动力与分泌的药物，同时注重中药的辨证施治，以达到安神定志、和胃调肠的效果。生活方式调整：指导患者建立规律的作息习惯，保持良好的饮食习惯，适量运动，以促进身心健康。综合治疗：根据患者具体情况，将上述治疗方法有机结合，形成个性化、综合化的治疗方案，以实现最佳的治疗效果。

脑肠与情志的关联，作为医学领域一个深刻且复杂的议题，不仅跨越了生理与心理的界限，更触及了中西医学理念、治疗模式及文化背景的深度交融。脑肠轴作为连接中枢神经系统与胃肠道的双向沟通桥梁，其功能的和谐与否直接影响着个体的情志状态；而情志的波动，亦能逆向调控脑肠功能，形成复杂的相互作用网络。

在中西医学的广阔天地中，两者分别承载着独特的智慧与经验，为脑肠与情志的调治提供了多元化的策略。中医以其独特的针灸、推拿、拔罐及中药疗法，旨在调和气血、疏通经络，从而间接影响脑肠功能，促进情志的平稳；西医则通过药物治疗、心理干预及神经调控技术，直接作用于脑肠轴，实现生理与心理的双重调节。

在临床实践中，医生需具备跨学科的视野，灵活运用中西医治疗手段，构建一套个性化、综合化的脑肠情志治疗方案。这一方案不仅追求症状的缓解，更致力于恢复患者整体的生理-心理平衡，实现治疗效果的最大化。

面对公众对脑肠情志问题认知不足的现状,加强医学知识的普及与心理健康教育显得尤为重要。通过耐心的沟通与解释,消除患者对于精神心理问题的病耻感,提升其主动求治的意愿与配合度。同时,严格遵守医疗伦理,尊重患者隐私,构建和谐的医患关系,为脑肠情志的调治营造良好的外部环境。

此外,社会各界应共同努力,提升全民心理健康意识与素养,营造关注心理健康、支持心理治疗的良好氛围,为脑肠情志问题的有效防治奠定坚实的社会基础。

参 考 文 献

[1] 张伯礼,吴勉华.中医内科学.北京:中国中医药出版社,2017.
[2] 郑洪新.中医基础理论.北京:中国中医药出版社,2016.
[3] 张锡纯.医学衷中参西录.石家庄:河北科学技术出版社,2017.
[4] 余斯雅,赵艾婧,谭雅文,等.基于张锡纯"心脑相通"论辨治小儿自闭症.中医学报,2024,65(2):1-5.
[5] 柴剑波,赵思涵,常浩杰,等.赵永厚运用神志病体用学说分期论治精神分裂症经验.中医杂志,2024,65(2):139-143.
[6] 张涛,苏晓兰,毛心勇.脑肠同调治法在消化心身疾病中的应用.中国中西医结合杂志,2023,43(5):613-617.
[7] 高思华.中医基础理论.3版.北京:人民卫生出版社,2019.
[8] 张伯礼.中医内科学.2版.北京:人民卫生出版社,2014.

第二节 脑肠与脏腑学说的联系

脑肠轴是指中枢神经系统(central nervous system,CNS)和肠神经系统(enteric nervous system,ENS)以及自主神经系统(autonomic nervous system,ANS)之间形成的双向神经-内分泌-免疫网络,在维持人体的动态平衡上起着重要作用,其中涉及神经、内分泌、免疫等多种途径[1],通过这些途径,肠道微生物可以直接或间接影响大脑的功能活动,中枢神经也可以调控胃肠道的功能以及肠道微生物[2]。脑肠同调理论为中医脏腑学说提供了现代生物学依据,也为中西医结合治疗提供了新的思路和方法。有关脑肠轴的生物学基础等部分内容在前已有详细讲述,在此不再进行赘述,以下将侧重在脏腑学说以及脑肠同调与脏腑学说之间的关系展开:

一、脏腑学说概述

(一)中医脏腑学说的基本概念

中医的脏腑学说,又称为藏象学说,是中医学理论体系的核心内容之一。它主要研究和论述人体脏腑的形态、功能、相互关系以及与人体其他组织器官的关联。脏腑学说认为人体由五脏六腑组成,其中五脏包括心、肺、脾、肝、肾,六腑包括胆、胃、小肠、大肠、膀胱、三焦。每个脏腑都有其独特功能和相应的经脉与之相连。

五脏在中医学中主要是指心、肝、脾、肺、肾,它们是主"藏精气",即生化和贮藏气血、津液、精气等精微物质,主复杂的生命活动。而六腑则包括胆、胃、小肠、大肠、膀胱、三焦,它们主要负责"传化物",即受纳和腐熟水谷,传化和排泄糟粕,对饮食物起消化、吸收、输送、排泄的作用。

此外,还有奇恒之腑,包括脑、髓、骨、脉、胆、女子胞等,它们在形态上中空类似腑,功能上藏精气类似脏,具有独特的生理功能和病理特点。

脏腑学说在中医诊断和治疗中具有重要的作用和意义。中医通过望、闻、问、切四诊合参,综合脏腑功能及外在征象来判断健康状况,从而辨证施治。脏腑学说为中医提供了一个系统的理论框架,帮助理解人体内部的复杂联系和相互作用。

(二)脏腑之间的相互联系和相互作用

在中医学中,脏腑之间的相互联系和作用是维持人体生理功能和健康状态的关键。

心与肺:心主血脉,肺主气,两者相互配合,保证气血的正常运行。心肺之间的协调体现在气血的生成和循环上,气可以推动血的运行,而血又能运载气。心与脾:心主血,脾主运化,两者在血液的生成和运行上相互依赖。心能生血,脾则负责将水谷精微转化为血液,同时心神对脾的运化功能有调控作用。心与肝:心主神志,肝主疏泄,两者在情绪调节和血液运行方面有密切联系。肝藏血,心行血,心血的充沛有助于肝的疏泄功能。肺与脾:肺主气,脾益气,肺的呼吸功能和脾的运化功能相辅相成。脾气的健运有助于肺气的生成,而肺气充足又能促进脾的运化。肺与肝:肺与肝在气机的升降上相互影响。肝主升发,肺主肃降,肝升有助于肺降,肺降又能促进肝的升发。肺与肾:肺为水之上源,肾为主水之脏,两者在水液代谢方面有协同作用。肺的宣发肃降与肾的气化功能共同参与水液的调节。肝与脾:肝主疏泄,脾主运化,肝的疏泄功能有助于脾的消化吸收,而脾的健运又能保证肝血的充足。肝与肾：肝肾同源，精血相互滋生。肝藏血，肾藏精，肝血的充沛有助于肾精的生成，反之亦然。脾与肾：脾为后天之本，肾为先天之本，两者相互依存。脾的运化功能需要肾阳的温煦，而肾精的充盛又依赖脾的后天滋养。

二、脑肠同调理论与脏腑学说之间的关系

（一）脑肠同调理论与脏腑学说的相关性

脑肠同调理论与脏腑学说之间的潜在联系在于两者都强调了人体精神心理活动与消化系统之间的密切联系和相互影响。脑肠同调理论是结合了中医脏腑学说和现代心身医学理论的创新概念，它基于脑与消化系统的紧密联系，涵盖中医心脑与脏腑功能和西医脑肠神经、内分泌、免疫、微生物等维度，以人体精神心理与消化系统为治疗焦点，双向整体调节"脑-肠"系统。脏腑学说作为中医理论的重要组成部分，认为人体的脏腑器官相互联系、相互影响，其中肝、脾、肾等脏腑与情绪调节、消化功能等有着直接的关联。脑肠同调理论在此基础上，进一步发展了中医关于脏腑相互联系的认识，特别是在功能性胃肠病的发病机制和治疗方面，强调了"神明之枢失衡（脑）"和"胃肠腑气不通（肠）"的病机概念，提出了"脑肠同调"的具体治法，如辛开苦降调枢法和温肾健脾调枢法。

（二）脑肠同调理论与脏腑学说的相似性

脑肠同调理论与脏腑学说对身心相互作用的认识具有相似性，二者都强调了人体是一个整体，其中各个部分相互联系和相互影响。

脑肠同调理论[3]认为，人体的精神心理活动与消化系统的功能状态密切相关。这一理论指出，功能性胃肠病的发病机制与大脑和肠道之间的相互作用异常有关，即"脑-肠互动异常"，主张通过调和脑肠功能来治疗相关疾病，魏玮教授临床上使用"辛开苦降调枢法"治疗功能性消化不良，以及"温肾健脾调枢法"治疗腹泻型肠易激综合征[4]。

脏腑学说是中医理论的核心之一，它认为人体的脏腑器官相互联系、相互影响，主宰着人体的生命活动。五脏（心、肝、脾、肺、肾）各有其功能和对应的形体官窍，六腑（胆、胃、大肠、小肠、膀胱、三焦）则主要负责饮食物的受纳、消化、吸收、传导等功能。脏腑学说中的"心藏神"，体现了中医对心理活动与生理功能相结合的看法。

在身心相互作用的认识上，脑肠同调理论与脏腑学说均强调了心理状态对身

体健康的影响[5]。在脏腑学说中，肝主疏泄，情绪波动会导致肝气郁结，进而影响整个消化系统的功能；而脑肠同调理论则从现代医学角度出发，提出心理因素通过脑肠轴影响胃肠道功能[6]。

综上所述，脑肠同调理论与脏腑学说在认识身心相互作用方面具有一致性，都为功能性胃肠病等心身疾病的治疗提供了理论基础和实践指导。

（三）脑肠同调理论的中医脏腑学说基础

1."脑"——神明之枢

脑为髓海、元神之府，与心共主神明，共同主宰五脏六腑的生命活动，且与情志密切相关。《素问·脉要精微论》记载"头者，精明之府，头倾视深，精神将夺矣"；宋代《颅囟经》也提到"太乙元真在头，曰泥丸，总众神也"；《素问·灵兰秘典论》曰："心者，君主之官也，神明出焉"；张景岳在《类经·十五卷·二十六》中有"心为五脏六腑之大主，而总统魂魄，兼赅志意。故忧动于心则肺应，思动于心则脾应，怒动于心则肝应，恐动于心则肾应，此所以五志唯心所使也"的论述。以上均阐明心脑与神的密切关系，其正常生理功能对于人体生命活动具有至关重要的作用。

2."肠"——脏腑之枢

《素问·经脉别论》曰："饮入于胃，游溢精气，上输于脾，脾气散精，上归于肺"，脾胃共同发挥受纳腐熟水谷、运化水谷精微的作用。《素问·灵兰秘典论》云："小肠者，受盛之官，化物出焉"，"大肠者，传道之官，变化出焉"，《内经知要·藏象》云："小肠居胃之下，受盛胃之水谷而分清浊"，小肠主泌别清浊，接受胃"受纳腐熟"的食糜进一步化生为水谷精微，剩余食物残渣经过大肠的传导形成粪便，经肛门排出体外。因此，水谷的传化是脾、胃、大肠、小肠的受纳、消化、传导和排泄等功能相互协作的结果。

3."脑"与"肠"的关系

第一，脑与神的生理功能依赖脾胃产生的水谷精微濡养。《素问·六节藏象论》云："气和而生，津液相成，神乃自生。"脾胃为后天之本，气、血、津液化生之源，李中梓《医宗必读》云："一有此身，必资谷气，谷入于胃，洒陈于六腑而气至，和调于五脏而血生，而人资之以为生者也，故曰后天之本在脾"。水谷精微由脾胃运化产生，通过脾向上布散补髓充脑，因此神的功能活动离不开脾胃的濡养。第二，脑与神的生理功能依赖脾胃的气机升降运动。脾胃同属中焦，互为表里，叶天士《临证指南医案》云："脾宜升则健，胃宜降则和"，脾胃是气机升降的枢纽，人体升降运动的动态平衡依赖于脾胃功能的正常。《素问·六微旨大论》云："出入废则神机化灭，升降息则气立孤危。"神机与气立均依靠脾胃的升降运转，脾胃升降有常，则"清阳出上窍，浊阴出下窍"，神志处于正常状态；若升降失调，则气机紊乱，形体无依。第三，神与脾胃在功能上相互影响。脾藏营舍意、主思，情志因素是导致脾胃疾病的一个重要因素，《景岳全书》云："脾胃之伤于情志者，较之饮食寒暑为更多也"。脾在志为思，"思出于心，而脾应之"，《素问·举痛论》曰："思则心有所存，神有所归，正气留而不行，故气结矣"，过度思虑会伤脾，导致脾失运化，脾气郁结，出现纳差、腹胀、便秘或便溏等症，甚至抑郁。

（四）基于脏腑学说理解情绪与消化系统疾病的相关性

1. 情绪与身体健康的关系

情绪和压力与身体健康之间存在着密切的联系，这种联系在魏玮教授的研究中得到了体现。魏玮教授在探讨功能性胃肠病时，提出了"脑肠同调"治疗的思路，该理论基于中医的"调枢通胃"理论，结合现代对功能性胃肠病的认识，指出病机为"神明之枢失衡（脑）"和"胃肠腑气不通（肠）"，强调了情绪状态对身体健康，特别是消化系统的影响。

情绪问题可以影响消化系统，导致胃肠问题，如胃痉挛、胃溃疡和肠道炎症性疾病。压力和焦虑可能导致胃肠不适，影响食欲和营养吸收。此外，情绪状态也能影响免疫系统的功能，持续的负面情绪可能导致免疫系统的抵抗力下降，增加生病的风险。积极的情绪和情感稳定性有助于增强免疫系统，提高身体对疾病的抵抗力。

2. 脏腑学说指导下情绪与消化系统疾病的关系

中医学中认为，消化系统疾病与脏腑功能失调、气血阴阳失衡、情绪因素、外邪侵袭、饮食不节等密切相关，其中情绪因素是诱发消化系统疾病诸多因素中十分重要的诱因之一。

中医学中，情绪（或称为情志）与身体健康紧密相连，情绪的变化直接影响着人体的生理功能，尤其是肝脏的疏泄功能。中医认为情绪活动与脏腑功能密切相关，不同的情绪与特定的脏腑相联系，正如《黄帝内经》所云：怒伤肝，喜伤心，思伤脾，悲伤肺，恐伤肾。

情绪的异常波动，特别是怒、思、忧、恐等情绪的过度，会通过影响肝的疏泄功能，进而影响脾胃的运化功能，导致消化系统疾病的发生。中医强调情绪调节的重要性，认为保持情绪稳定、心态平和是维护身体健康的关键。通过各种方法如中药、针灸、气功、冥想等调节情绪，可以帮助恢复脏腑功能，预防和治疗消化系统疾病。

（五）治法

魏玮教授的"脑肠同调"治法，具体治法包括使用"辛开苦降调枢法"治疗功能性消化不良，以及"温肾健脾调枢法"治疗腹泻型肠易激综合征，为常见功能性胃肠病的治疗提供了新的思路和方法。这些方法不仅关注身体疾病，也考虑到心理情绪的影响，体现了中医的整体观念和心身一体的治疗理念。

随着现代社会的飞速发展，工作模式转变，与社会模式紧密相关的精神心理应激问题突出，疾病的病因、机制和临床表现呈多样性和复杂性。20世纪中叶以来，心身医学应运而生，并推动着现代医疗模式的转变，至1977年，生物-心理-社会医学模式由恩格尔提出，医学模式开始从单一认识走向系统认识，该模式与中医"整体观""形神一体"理论不谋而合。"肠脑互动"的提出阐释了精神心理与胃肠功能状态改变的关键机制，是心身医学领域对发病机制认识的重要突破，该机制对解析人体复杂网络做出了重要贡献[7]。"脑-肠"联系的双向通路建立，实质上就是机体不断与外界"生存环境"交互，维持精神心理弹性、消化系统结构与功能动态平衡的过程[8]这一联系途径突破了还原论的认识局限，将人体置于自然环境与社会环境中去理解[9,10]。源于中、西医学的碰撞，还原论与系统论补充，秉承国医大师路志正"善撷百家，博古通今"的理念，脑肠同调这一创新的中西医结合诊疗理论诞生。

脑肠同调理论与脏腑学说联系的重要性在于，它们共同强调了人体是一个整体，精神心理活动与消化系统的功能状态密切相关，为功能性胃肠病等心身疾病的治疗提供了理论基础和实践指导。中医重视整体观念有别于西医精准靶向治疗的思维方式，因此，对于功能性胃肠病（FGID）这一类涉及多系统的疾病，中医更能发挥优势。"脑肠同调"治法的提出，是整合了中医理论与现代研究的结果，概括了中西医对FGID的共同认识，适用于FGID的中西医结合诊疗。

参 考 文 献

[1] Hao M M, Stamp L A. The many means of conversation between the brain and the gut. Nature Reviews Gastroenterology & Hepatology, 2022: 1-2.

[2] Cryan JF, Dinan TG. Mind-altering microorganisms: the impact of the gut microbiota on brain and behavior. Nat Rev Neurosci, 2012, 13（10）: 701-712.

[3] 魏玮, 刘倩, 荣培晶, 等.功能性胃肠病"脑肠同调"治法的建立与应用. 中医杂志, 2020, 61（22）: 1957-1961.

［4］魏玮，王倩影.脑肠同调理论与胃食管反流病诊疗理念.中国中西医结合消化杂志，2023，31（07）：509-513.
［5］张涛，苏晓兰，毛心勇，等.脑肠同调治法在消化心身疾病中的应用.中国中西医结合杂志，2023，43（05）：613-617.
［6］苗继文等.脑肠轴调节机制的研究进展.中华神经医学杂志，2020,19（04）：422-426. DOI：10.3760/cma.j.cn115354-20190506-00252.
［7］Rogers GB，Keating DJ，Young RL，et al. From gut dysbiosis to altered brain function and mental illness： mechanisms and pathways. Mol Psychiatry，2016，21（6）：738-748.
［8］Drossman DA，Hasler WL. Rome Ⅳ—functional GI disorders： disorders of gut-brain interaction. Gastroenterology，2016，150（6）：1257-1261.
［9］Barbara G，Feinle-Bisset C，Ghoshal UC，et al. The intestinal microenvironment and functional gastrointestinal Disorders. Gastroenterology，2016，150（6）：1305-1318.
［10］Margolis KG，Cryan JF，Mayer EA. The microbiota-gut-brain axis： from motility to mood. Gastroenterology，2021，160（5）：1486-1501.

第三节　脑肠在经络学说中的体现

一、经络学说基本思想

经络是人体结构的重要组成部分，也是《内经》理论体系的核心内容之一。经络学说更是奠定了中医针灸的治疗基本思路。经络分为经脉和络脉。经脉为主干，分为十二正经和奇经八脉。十二正经，各自都隶属于某一脏或腑，并与为其表里的腑或脏相联络，左右对称分布，上下纵行，深行在里。其中，主要循行在上肢者称手经，主要循行在下肢者称足经；与脏相连属、循行肢体内侧者称阴经；与腑相连属、循行肢体外侧者称阳经。奇经八脉，除任、督二脉纵行于身体前、后的正中，带脉绕腰一周外，其他经脉在分布与循行上，不如十二正经那样有规律，且均与脏腑没有隶属关系，相互间也无表里相合关系。络脉有别络、浮络、孙络之别，纵横网络全身，循行较浅。此外，还有十二经别、十二经筋、十二皮部，因分别属于十二经脉别出的正经、十二经脉循行部位上分布于筋肉的系统、十二经脉在体表皮肤部位的反应区，故都按十二正经命名，而隶属其范畴。

经络系统纵横网络全身上下内外，将人体联结成一个有机的统一整体，而机体的各部赖经络运行气血之濡养，才得以发挥各种生理功能。因此，经络理论在生理、病理以及诊断、治疗上都有着重要的指导作用。

经脉与脑髓、骨、筋肉、皮肤，共由先天之精而成，共同构成人体系统。其中，经脉构成的人体网络系统，更是人体系统的重要组成部分，所谓"脉道以通，血气乃行"，经脉巡行周身，运行血气，滋养全身。人体脏腑、骨肉、官窍等，各有生理功能，但必须依赖气血津液的濡养；而气血津液布散，须走全身经络之道。《灵枢·本脏》中有言："经脉者，所以行血气而营阴阳，濡筋骨，利关节者也"。此外，经脉所行气血沟通四肢五脏六腑，全身筋肉官窍，前后上下，表里内外，无所不至。

经脉不仅具有运载气血、沟通整体的重要作用，也是疾病传变的重要途径，《内经》所论外邪的传变，多沿经脉系统内传，如《灵枢·百病始生》所云："虚邪之中人也，始于皮肤……留而不去，则传舍于络脉……留而不去，传舍于经……留而不去，传舍于肠胃。"因此，《内经》诊断疾病，脉诊成为重要方法，如"三部九候法""人迎寸口法""寸口诊脉法"等，无一不是通过观察经脉气血而诊察疾病的。至于治疗，举凡针刺、艾灸、推拿以及药物的归经，皆在通过经脉的作用，以达到调节气血阴阳、脏腑功能的目的。所以言经脉"能决死生，处百病，调虚实"，其重要性不言而喻，不可不通[1]。

二、脑肠学说

古人早在两千年前就已发现脑的重要性，《素问·刺禁论》有"刺头，中脑户，入脑立死"的论述，《云笈七签·元气论》云"脑实则神全，神全则气全，气全则形全，形全则百关调于内，八邪消于外。"《道藏·太上老君内观经》将脑置于人体最高地位："太一帝君在头，曰泥丸君，总众神也"；《修真十书》则曰"天脑者，一身之宗，百神之会，道合太玄，故曰泥丸。""脑神"最早出自《黄庭内景经》，中医藏象理论清楚地指出脑具有主宰生命活动，主意识、思维、记忆、情志和主脑络的功能。"神"是生命活动的主宰及其外在总体表现的统称，既是一切生理、心理活动的主宰，又包括了生命活动外在的体现。《医学入门》载："神者，气血所化生之本也，万物由之盛长，不着色象，谓有何有，谓无复存，主宰万事万物，虚灵不昧者是也。"神对于人体至关重要，直接关系到全身脏腑、阴阳、气血、经络的和合与否，决定着人体生命的存亡。故《素问·移精变气论》说："得神者昌，失神者亡。"脑通过主神而主宰人体的功能活动，具有最高地位。

《素问·五藏别论》中说："脑……地气之所生也，皆藏于阴而象于地，故藏而不泻……夫胃、大肠、小肠……，天气之所生也，其气象天，故泻而不藏。"

《素问·六微旨大论》说:"升降出入,无器不有","出入废则神机化灭,升降息则气立孤危。故非出入,则无以生长壮老已,非升降,则无以生长化收藏。"头为神明出入之枢,与气机运行密切相关。大肠传导糟粕,气畅则脏气安,升降出入是维持正常神志活动的重要保证。《素问·通评虚实论篇》所言:"五脏不平,六腑闭塞之所生也,头痛耳鸣,九窍不利,肠胃之所生也。"《读医随笔》载:"人之眼、耳、鼻、舌、身、意、神、识,能为用者,皆由升降出入之通利也,有所闭塞,则不能用也。"刘完素《素问玄机原病式》中说:"人之眼耳鼻舌身意,神识能为用者,皆由升降出入之通利也。"可见脑转运神机的功能正常依赖于升降出入的通利机能[2]。

三、脑肠与经络的联系

脑与胃肠之间存在着广泛的经络联系,经络系统是中医理论中肠脑之间互相联系的理论基础。《灵枢·经脉》记载"胃足阳明之脉……循发际,至额颅""足阳明之别……上络头项""大肠手阳明之脉……其支者……入下齿中""小肠手太阳之脉……其支者……至目内眦,斜络于颧",胃经、大肠经和小肠经都经过腹部和头部,阳明经脉皆有循头络脑的特点。头部阳经汇集,气盛血旺。《灵枢·平人绝谷》中记载"血脉和利,精神乃居",气血为神的物质基础,神机是脑在气血的濡养下所产生的,因此脑也称元神之府。而阳明经为多气多血之经脉,《灵枢·动输》中记载"胃气……其悍气上冲头者……循眼系,入络脑",也说明阳明经经气上输头窍,可发挥濡养脑窍的作用。故经络系统尤其是阳明经与脑窍密切相关,在生理上起到联络脑与肠的作用[3]。

目前,有研究提示脑肠轴发挥作用的基础包括神经内分泌信号传导,免疫传导等方面,而学术界对于经络的作用形式也有从这些方面入手研究,且取得一定的进展,当然我们认为经络的内涵要更加丰富,构成了二者之间稳定而有效的联系,也为研究脑肠轴中脑与肠之间的作用机制提供了一个很好的研究思路[3]。

大肠末端为魄门,五谷糟粕从魄门出,而控制排便需要靠脑来协助,魄门开阖有度,则排便通常。所谓"魄门亦为五脏使",魄门与其他脏腑有密切联系,相互影响。魄门的开阖需要依靠心神的主宰,肝气的条达,脾气的提升,肺气的宣降,肾气的固摄,方能开阖有度,不失其司。《析骨分经》说:"肛门,魄门也。秽浊所自出,其系上贯于心,下通于肾。"作为七冲门之一的魄门,通过其正常的启闭来决定体内糟粕的排出,是六腑"泻而不藏"功能得以实现的关键,魄门闭合有度又直接关系到"五脏藏精气,藏而不泻"的功能。魄门功能的实现依赖于脑的调节,李东垣《脾胃论》云:"气乃神之祖,精乃气之子,气者精神之根蒂也。""大肠者，诸气之道路也。"张思超提出中医"脑肠相通"理论假说，认为脑为奇恒之腑，位置最上，元神所居之地；大肠为传化之腑，腑之最下，糟粕汇集之所。精汁之清藏于脑，不容浊气侵；水谷之浊聚于肠，排出须有时。《幼幼集成》中说："夫饮食之物，有入必有出也，苟大便不通，出入之机，几乎息矣。"《灵枢·平人绝谷》说："平人则不然，胃满则肠虚，肠满则胃虚，更虚更满，故气得上下，五脏安定，血脉和利，精神乃居，故神者，水谷之精气也。"脑肠之间通过气机升降出入维持人体正常的排便功能，排便有时则血脉和利，精神乃居。

《素问》有言："督脉者，起于少腹以下骨中央，女子入系廷孔，其孔，溺孔之端也。其络循阴器，合篡间，绕篡后，别绕臀，至少阴与巨阳中络者合，少阴上股内后廉，贯脊属肾，与太阳起于目内眦，上额交巅，上入络脑。"督脉之气血从下腹运动至脑，循环往复，打通一个小周天，是脑肠共同运动，相互协调的体现。

四、脑肠与经络学说的治疗结合

脑肠的相互影响的生理特性也使得共同调节成为可能，对其中一方的治疗能够有效的影响到另一方，也算是中医整体论治思路的体现。肠道微生物群失调会通过直接或间接的方式影响中枢神经系统，进而加重疾病的发展和胃肠道功能的紊乱。因此，通过对经络的针灸治疗，可以调节肠道微生物群的多样性及其组成，在神经、内分泌、免疫等方面调整机体状态，改善疾病症状。因此，调节脑肠轴的平衡可能是针灸治疗疾病的潜在机制[4]。针灸能够下调过于亢进的 HPA 轴所释放的激素水平，从而改善情绪和症状。HPA 轴下丘脑-垂体-肾上腺皮质轴是一个神经内分泌系统，参与调节身体对压力的生理反应，是肠道微生物群和大脑中枢系统相互沟通的重要通道之一。张佳佳等人的研究测定电针后焦虑大鼠血清 CRH、CORT 的含量，并将其与模型组对比，发现接受电针治疗后的大鼠中 CRH、CORT 的含量显著下降，更接近于健康组大鼠，这表明针刺能够通过降低 CORT 和 CRH 的释放，抑制 HPA 轴的过度亢进[5]。针灸在改善肠道菌群组成和结构方面有显著作用，这有助于进一步深入研究针灸治疗抽动障碍的机制。研究表明，针灸可以有效调节肠道微生物群的丰度和结构，从而恢复机体稳态。正常生理情况下，肠道微生物群与人体共生，有助于宿主保持肠道微环境的平衡，从而确保机体维持在一个健康的状态中。一旦肠道微生态失衡，肠道微生物群的多样性和丰度下降，稳定性降低，抗定植能力减弱，导致菌群比例失调。针灸治疗能显著提升肠道菌群的多样性和有益菌群的比例，进而有效调节肠道菌群平衡。汝苗等人研究发现,将 91 例创伤性脑损伤患者,随机分为对照组 45 例和观察组 46 例,运用逐瘀通下汤联合针灸治疗。统计两组患者 8 周的治疗效果和中医证候积分的变化。治疗后,两组的中医证候积分低于治疗前($P<0.05$),且观察组治疗后的中医证候积分低于对照组($P<0.05$)。GCS、RTS SIM 等指标的变化均说明逐瘀通下汤联合针灸能够改善患者的意识状态和功能状态,提高认知功能,改善脑部血流动力学水平,可能与调节脑肠轴有关[6,7]。

谢映等人采用丙戊酸钠腹腔注射法制备孤独症大鼠模型,选取造模成功的大鼠随机分为 4 组,每组 10 只,分别为模型组、基础电针组、针药结合组、脑肠共治电针组。采用三箱社交实验评估行为学改变,16S rDNA 测序分析肠道菌群分布情况,超高效液相色谱串联质谱分析血浆中的差异代谢组分,并结合 Spearman 相关性分析进行肠道菌群与代谢组学之间的关联分析,研究表明,对大鼠的电针,通过改变数种肠道代谢物,能明显改善孤独症大鼠社交能力[8]。

刘强将 90 例脾胃虚弱型急性特发性耳鸣患者随机分成 A、B、C 三组,分别为药物组,针刺组和温针组,治疗 3 周后使用耳鸣严重程度评估表(TEQ)观察记录三组患者治疗前后耳鸣改善情况,并比较三组患者的临床疗效。发现通过针灸耳周穴位,加深对于脑部神经的刺激,通过脑肠轴理论,同时改善肠道菌群的结构,有效缓解患者的痛苦[9]。

综上所述,我们可以认识到中医角度下脑与肠之间生理方面息息相关,在病理上也会互相影响,脑病及肠,肠病及脑。二者很好阐释了中医理论对脑肠轴的认识,也很好地体现了中医的整体观念。

参 考 文 献

[1] 贺娟. 苏颖. 内经讲义北京:人民卫生出版社,2016.
[2] 王威,李博,刘金玲,等. 经络与脑肠相关. 中国针灸学会针灸文献专业委员会,《中国针灸》杂志社. 中国针灸学会针灸文献专业委员会 2014 年学术研讨会论文集. 辽宁中医药大学;2014:4.
[3] 孙双喜,白小欣. 从中医生理病理角度谈对脑肠轴的认识. 陕西中医,2017,38(06):787-788.
[4] 袁梦果,李建香,过伟峰. 基于脑-肠轴浅探"脑病治肠"论治中风的科学内涵. 中国中医急症,2016,25(10):1894-1896.
[5] 范祎铭,鲍超,李建兵. 基于脑-肠轴理论探讨针灸治疗抽动障碍的作用机制. 辽宁中医药大学学报,1-15[2024-08-17].
[6] 张佳佳,赵吉平,王军,等. 电针刺激改善焦虑大鼠行为学及对脑源性神经营养因子表达、下丘脑-垂体-肾上腺轴的影响. 世界中西医结合杂志,2023,18(10):1975-1981.
[7] 汝苗,孙春霞,沈秋梦,等. 逐瘀通下汤联合针灸对创伤性脑损伤患者脑肠轴的调节作用.

环球中医药，2024，17（6）：1175-1178.
［8］谢映，刘慧慧，曹徵良，等.基于肠道菌群和代谢组学探讨"脑肠共治"电针对孤独症大鼠的作用机制.湖南中医药大学学报，2024，44（5）：828-837.
［9］刘强，邓琳琳，姚东坡，等.基于"脑肠轴"理论探讨温针灸治疗脾胃虚弱型急性特发性耳鸣的疗效.广西中医药，2023，46（1）：20-23.

第四章 临床应用与治疗

第一节 脑肠同调与疾病

一、炎症性肠病与脑肠同调

炎症性肠病（inflammatory bowel disease，IBD）是一类涉及异常免疫反应的肠道慢性复发性炎症，其主要类型包括溃疡性结肠炎（ulcerative colitis，UC）和克罗恩病（Crohn's disease，CD），临床可表现为慢性腹泻、腹痛、便血等，其发病原因复杂，发病机制尚不明确，临床治疗存在效果差、易复发等问题，严重影响患者生活质量。流行病学资料显示，IBD 发病率在发展中国家呈上升趋势，如中国、巴西、阿尔及利亚等；在发达国家渐趋平稳，但欧美国家仍为发病率较高地区[1]。相关研究表明 IBD 发病率在我国呈上升趋势，预计到 2025 年我国 IBD 患者将达到 150 万人[2]。

目前炎症性肠病发病机制尚不明确，认为其发病与遗传、免疫失调、环境及肠道微生物等因素有关。近年来的研究发现精神心理因素成为 IBD 发病的危险因素之一。一项来自中国西南 IBD 转诊中心的横断面研究发现，IBD 中焦虑、抑郁症的患病率为 33.1%，其中伴焦虑、抑郁症状的 UC 患者的 Mayo 评分及内镜下严重程度指数明显升高[3]。精神心理因素可能通过脑-肠轴的作用调节肠道微生态，损伤肠黏膜屏障，导致免疫失衡，参与 IBD 发病[4]。随着对胃肠神经生理学研究的深入，围绕脑-肠轴探讨 IBD 发病机制成为一大热点，基于脑-肠轴进行的脑肠同调在 IBD 的治疗中发挥关键作用。

（一）炎症性肠病与脑-肠轴

脑-肠轴是连接大脑与肠道的双向通路，是涉及肠神经系统（ENS）、自主神经系统（ANS）、中枢神经系统（CNS）及下丘脑-垂体-肾上腺轴（HPA）的一个复杂神经-内分泌-免疫网络[5]。肠道通过迷走神经（VN）、HPA 轴、肠道微生物、脑肠肽及其他信号分子将信息传递到脑，大脑将接受到的内外刺激信号整合并作出应答来维持平衡[6]。肠道与神经系统之间的信号调节作用在 IBD 的发病中发挥了关键作用。目前研究认为胃肠道与神经系统之间可通过多种途径进行双向信号传递，现将目前可能的作用机制论述如下。

1. 肠道菌群与脑-肠轴

大脑与肠道菌群可能经 5 种途径进行信息互通，包括脑-肠神经网络、肠道免疫系统、菌群释放的神经递质及调节因子、HPA 轴中包括血脑屏障、肠道黏膜屏障在内的屏障[7]。肠道菌群与大脑在生理上相互调节，病理上相互影响。而肠道菌群失衡又是 IBD 的致病因素之一。肠道菌群可通过释放具有抗炎作用的代谢产物，如短链脂肪酸（short-chain fatty acid，SCFA），为机体提供营养和能量，调节免疫系统功能从而保护宿主[8, 9]。当肠道中益生菌减少，致病菌增多，菌群多样性降低，产生的 SCFA 减少，释放的肠毒素和免疫因子增多，可损伤肠上皮的完整性，导致上皮细胞通透性增加，激活肠黏膜的免疫系统，引起反复持久的炎症反应[10, 11]。综上所述，脑肠轴可通过影响肠道菌群参与 IBD 发病。肠道菌群作为目前研究热点，其与中枢神经系统的作用日渐凸显。随着基因组学、代谢组学等方法的成熟，各类肠道菌群被发现可作用于多种器官系统，但肠道菌群的失调是 IBD 的继发改变还是其发病原因目前尚不清楚，还需要进一步的研究。

2. 肠黏膜屏障与脑-肠轴

肠道黏膜通透性受 VN 和 ENS 调节，ENS 由肠神经细胞和肠神经胶质细胞（enteric glial cell，EGC）组成。刺激 VN 可相应的激活肠上皮细胞或 EGC，加强黏膜屏障[12]。另外，有研究发现，选择性 5-HT1A 受体激动剂可激活肠上皮细胞（intestinal epithelial cell，IEC）中的 PI3-K/AKT 和 ERK 信号，有效防止 IECs 和 EGCs 的凋亡，修复黏膜屏障[13]。可见脑-肠轴中多部分均参与肠黏膜屏障的维持与稳定。肠黏膜屏障的损害被认为是 IBD 发病的重要因素和分子基础。在 IBD 发作时，紧密连接蛋白表达下降，肠上皮细胞破坏凋亡，机械屏障损伤，黏膜通透性异常，细菌、毒素内侵，激活机体免疫系统，加重炎症反应[14]。由 IEC 产生的黏蛋白、消化液和黏液等组成的化学屏障，具有润滑、隔离、杀菌等作用。致病菌及炎症因子可通过抑制杯状细胞产生黏蛋白，使黏液层变浅、变薄，损害黏膜的化学屏障[15]。综上所述，脑-肠轴可通过调节肠黏膜通透性参与 IBD 结肠组织损伤及修复。

3. 免疫调节与脑-肠轴

HPA 轴作为脑-肠轴的重要组成部分，在应激等状态下可释放大量 CRF，改变胃肠道运动、内脏敏感性及诱发肠道炎症反应，参与 IBD 发病。研究发现 CRF 可通过刺激成熟树突状细胞，促进炎症反应，并通过加强各种促炎细胞因子的产生，减少抗炎细胞因子的释放，进而引起肠道免疫失衡[16]。此外，肠道微生物被认为是脑肠轴中免疫系统的有效调节器。巨噬细胞通过 Toll 样受体和 Nod 样受体直接感知肠道微生物表达的微生物相关分子模式（microbial related molecular pattern，MAMP），从而产生促炎细胞因子 IL-1。肠道微生物通过调节抗原呈递、Th1 和 Th17 细胞功能及免疫球蛋白的释放，在 IBD 发病机制中发挥作用。综上所述，脑-肠轴可通过脑肠肽及肠道菌群调节肠道免疫系统进而参与 IBD 发病。

（二）中医视角下的炎症性肠病和脑-肠轴

情志，泛指人的情绪、情感活动，是机体对外界刺激所产生的一种反应形式。人有怒、喜、思、悲、恐、惊、忧七种情绪变化，称为"七情"。陈无择将七情异常变化，归为发病内因之一。《素问》云："人有五脏化五气，以生喜怒悲忧恐"，将这五种情绪变化归纳为五志，五志源于五脏，依赖于五脏精气而产生。同时五志皆属于神。而脑为元神之府，具有主导人的精神意识活动的功能，因此情志变化是脑神活动的表现。脑神异常，则情志失控，机体会出现异常变化，如"怒伤肝……恐伤肾""喜则气缓……思则气结"等。情志虽发于五脏，但皆由脑所主宰。脑与肠之间有着广泛的经络及经筋联系，手阳明经起自食指之端，上头部，止于目内眦；经筋上额角，络头部；此外又可通过与督脉相交联系脑。经络具有联系脏腑、沟通内外、运行气血的作用，因此通过这种经络联系可将物质信息在脑肠之间传递。此外脑为髓海，由先天之精所化，有赖于后天之精滋养。饮食入胃，通过胃的腐熟，脾的健运，转化为水谷精微，最终由肠腑吸收，上汇于脑，补益脑髓。脑与肠之间的这种紧密联系即现代医学中的脑-肠轴。

情志失调是 IBD 的致病内因之一。《重订严氏济生方·大便门·泄泻论治》云："至于七情伤感，脏气不平，亦致溏泄。"情志过度刺激，导致脏腑损伤，功能紊乱，气血津液运行异常，瘀血、痰湿等病理产物壅滞于大肠脂膜腐败化为脓血，传导失司，引起 IBD 的发生。其中以肝脾功能紊乱为主。肝具有疏泄功能，一身气机依赖其调节，若功能正常，则气血津液运转通畅，经脉通利；疏土助脾，促进消化。若郁怒伤肝，则肝失条达，疏泄欠佳，气机不舒，经络不利，不通则痛，故腹痛；肝木乘脾土，脾气不健，运化失调，则泄泻。脾具有运化功能，转输水谷精微，升清降浊。忧思气结伤及脾，脾失健运，水谷糟粕混合而下，则泄泻；水津不化，形成湿、痰、饮等病理产物，壅滞肠腑，与气血相互搏结，化为脓血，则下痢赤白脓血，而成本病。中医情志即现代医学中的精神心理状态。研究发现精神压力可通过激活脑肠轴中 ANS 和 HPA 轴，导致黏膜肥大细胞活化、促炎细胞因子及其他内分泌介质的释放增多、肠道黏膜通透性增加、细菌易位到肠壁等，进而促进 UC 的发生发展[17,18]。

（三）脑肠同调理念在炎症性肠病中的作用

本团队认为，包含 IBD 在内的消化心身疾病的共性病机涉及"神明之枢失衡（脑）""胃肠腑气失调（肠）"两方面[19]，单纯针对 IBD 治疗或针对情绪的治疗均不能获得最大的疗效收益，将中枢神经系统和消化系统同时治疗、心理调摄与局部症状共同干预是目前治疗 IBD 的突破口。

中医学认为心主神明，所以任物者谓之心，心的生理功能是接受外来事物而发生思维活动以及情感变化。肝主情志，喜、怒、忧、思、悲、恐、惊七种情志变化由肝调摄。脑为"元神之府"，主宰人的精神、意识、思维活动，中医脑的概念包含心"任物"、肝"调情志"等功能，是生命的枢机，主宰人的精神生命活动。胃、大肠、小肠在结构上上下相通，在功能上都具有"实而不能满"的生理特点。因此，"脑肠同调"中的肠从广义上讲包括脾、胃、大小肠等整个消化道。"脑"对"肠"的影响，在于"脑"调控生命活动，协调消化系统生理功能，又在于调控精神活动，使消化功能不受异常情志的影响而维持稳定。"肠"对"脑"的影响指消化系统为心脑功能提供营养和物质基础。因此，"脑"与"肠"存在相互作用，相互依存的关系，所以需要同步调整与治疗，形神同治。调，可以引申为不同的调节手段，如内服、外治、心理疗法和运动疗法。脑肠同调，即通过不同的治疗手段同时调节消化道的不适症状和精神、心理方面的异常，主要体现在中枢对情感、认知等的调节，以及借助脑-胃-肠轴对消化系统的调节。具体可分为调脑和调肠的方法，调脑的方法，即调节心神或调节情绪的方法，包括疏肝法、安神法以及中医学的情志疗法或西医的心理疗法等调节心脑的方法。调肠的方法，即恢复胃肠"以通为用"生理特性的方法，如健脾和胃、补虚涩肠等[20]。基于以上认识，本团队从解郁安神立法，并基于经典方剂四神丸及路志正先生治疗 UC 的学术经验，化裁出具有脑肠同调功效的方药：参叶愈疡方。该方药以潞党参等药为君，可健脾益气、清热化湿；臣以吴茱萸、肉豆蔻、五味子，取四神丸之意，可温肾暖脾，涩肠止泻；郁金、贯叶连翘行气解郁，白芍养肝柔肝，共奏怡情志之功。经过多年临床实践证明，脑肠同调理念具有多方面的优势。首先，因为综合考虑身心因素，所以脑肠同调能够更全面地解决 IBD 的多维问题。其次通过同时调节中枢神经系统和消化系统，治疗效果更为全面持久。另外，脑肠同调还能减少患者对药物的依赖以及多重用药的副作用。最后，脑肠同调可以发挥综合管理的优势，能有效解决 IBD 患者焦虑、抑郁、失眠等症状重叠问题。

综上所述，脑肠同调理念通过关注神经-内分泌-免疫系统的综合调节，探讨了"脑-肠轴"在 IBD 发病机制中的核心地位。具体而言，该理念不仅着重于缓解肠道局部炎症，还强调通过中医药的综合应用，来改善患者的精神状态和整体健康，从而达到全方位的治疗效果。脑肠同调理论的应用，有望突破传统单一治疗手段的局限，为 IBD 的个体化治疗开辟新的途径，并在提高临床疗效和患者生活质量方面取得显著进展。

二、功能性胃肠病与脑肠同调

（一）功能性消化不良与脑肠同调

在功能性消化不良的研究中本团队提出了"脑肠同调"的治疗理念，认为该病症的核心病机为"神明之枢失衡（脑）"和"胃肠腑气不通（肠）"。通过辛开苦降调枢法等中医治疗方法，同时作用于脑和肠，调节两者的相互作用，显著提高了临床疗效。这一理念丰富了中医脾胃病的治疗理论，为功能性消化不良的治疗提供了新的思路和方法。

1. 功能性消化不良概述

功能性消化不良（FD）是一种常见的功能性胃肠病，其全球患病率介于11.5%至14.5%之间，且在西方人群中普遍较高，亚洲地区的患病率则为8%～23%，并呈逐年上升趋势。FD 主要以餐后饱胀不适、早饱感、上腹痛、上腹烧灼感等消化不良症状为特征，这些症状不能用器质性、系统性或代谢性疾病来解释。根据罗马Ⅳ诊断标准，FD 可分为餐后不适综合征（PDS）和上腹痛综合征（EPS）两个亚型。

该病症具有症状多样、发病率高、反复发作和慢性迁延等特点，给患者带来严重的健康影响和经济负担。其发病机制复杂，目前认为与脑-肠互动紊乱相关，并涉及胃肠道微生态失衡、内脏高敏感性、胃肠动力异常、神经免疫网络失调以及精神心理状态等多种因素。

西医治疗 FD 尚未形成标准化、规范化的方案，主要以对症治疗为主，包括使用促动力药物、抑酸药、根除幽门螺杆菌药物、胃底舒张药物以及抗焦虑抑郁药物等。然而，这些药物长期使用的副作用明显，且易导致病情反复发作，临床疗效有限。因此，FD 也被视为消化内科中的常见病和难治病。

2. 功能性消化不良与脑肠互动异常的关系

（1）西医认识　功能性消化不良是一种以餐后饱胀、早饱、上腹痛或烧灼感为主要症状的慢性胃肠道功能紊乱性疾病。其特点在于缺乏明确的器质性病变（如溃疡、肿瘤或炎症），但症状严重影响患者生活质量。近年来，西医研究逐渐揭示，FD 的发病机制与脑肠互动异常密切相关，这一领域已成为神经胃肠病学的核心研究方向。

1）脑肠轴的双向调控与 FD 的病理生理基础：脑肠轴是中枢神经系统（CNS）与肠神经系统（ENS）之间的双向通信网络，通过神经、内分泌及免疫途径实现调控。在 FD 患者中，这一系统的失衡表现为胃肠运动障碍、内脏高敏感及中枢感觉处理异常。研究显示，约 40% 的 FD 患者存在胃排空延迟，而 30%~50% 的患者对胃扩张刺激的痛阈显著降低，提示外周与中枢敏化的共同作用。例如，功能性磁共振成像（fMRI）发现，FD 患者在接受胃扩张刺激时，前扣带回皮层和岛叶等疼痛处理区域的激活程度显著高于健康人群，表明中枢神经系统对内脏信号的异常放大。

2）神经递质与信号通路的异常：脑肠互动依赖多种神经递质和激素的调节，其中 5-羟色胺（5-HT）和促肾上腺皮质激素释放因子（CRF）的作用尤为突出。肠道嗜铬细胞分泌的 5-HT 占全身总量的 90%，通过激活迷走神经传入纤维向中枢传递信号。FD 患者常 5-HT 信号通路异常，5-HT3 受体拮抗剂（如阿洛司琼）可改善部分患者的症状。此外，CRF 作为应激反应的核心介质，可通过激活下丘脑-垂体-肾上腺轴（HPA）增强结肠运动并加速胃排空。临床试验证实，FD 患者在急性应激状态下胃容受性扩张能力下降，这与 CRF 水平升高直接相关。

3）肠道菌群-脑轴的调节作用：近年研究强调肠道菌群失调在 FD 发病中的关键地位。肠道微生物通过代谢短链脂肪酸（SCFA）、胆汁酸及神经活性物质（如 γ-氨基丁酸）影响脑功能。FD 患者的肠道菌群多样性降低，拟杆菌门/厚壁菌门比例失衡，且产丁酸盐菌减少。动物实验表明，移植 FD 患者的粪便菌群可诱发小鼠胃肠动力障碍和焦虑样行为，而益生菌（如双歧杆菌）干预能通过调节色氨酸代谢改善症状。这一发现支持"菌群-肠-脑轴"在 FD 中的病理作用。

4）心理因素与中枢敏化：心理共病（如焦虑、抑郁）在 FD 患者中发生率高达 30%~60%，其机制涉及中枢敏化和自主神经功能紊乱。慢性压力通过激活 HPA 轴导致糖皮质激素持续释放，抑制肠神经胶质细胞功能并增加肠道通透性。同时，前额叶皮层与杏仁核的功能连接异常可能导致患者对胃肠症状的过度关注。研究显示，选择性 5-HT 再摄取抑制剂（SSRI）不仅能改善抑郁症状，还可降低 FD 患者的内脏敏感性，证实心理-生理的交互作用。

（2）中医认识

1）脾胃为中枢，气机升降为纽带：中医将脾胃视为"后天之本""气机升降之枢"，《黄帝内经》提出"脾主运化""胃主受纳"，强调脾胃对饮食消化、气血生成的核心作用。脾胃气机升降有序，则清阳上升以濡养脑窍，浊阴下降以排出糟粕。若因饮食不节、劳倦过度或情志不畅导致脾胃虚弱或气机壅滞，则清阳不升、浊阴不降，出现脘腹胀满、嗳气反酸等 FD 典型症状。现代研究表明，脾胃气机失调与胃肠动力障碍（如胃排空延迟、胃容受性扩张功能下降）高度相关，而中医通过"调中焦以和上下"的治疗思路，可调节胃肠运动节律，间接改善脑肠轴信号传导。

2）情志致病：肝郁与心神失守的脑肠互动失衡：中医尤为重视情志因素对脾胃功能的影响，提出"肝木克脾土""思虑伤脾"等理论。长期焦虑、抑郁或精神压力过大会导致肝气郁结，疏泄失常，横逆犯胃，进而引发胃脘胀痛、嗳气频作等症状。这种"肝郁脾虚"证型在 FD 患者中占比高达 40%～60%，其病理机制与现代医学的"中枢敏化""自主神经功能紊乱"高度吻合。例如，肝郁化火可导致迷走神经张力降低，抑制胃酸分泌和胃肠蠕动；而心神失养（如长期失眠、多梦）则通过下丘脑-垂体-肾上腺轴激活，加剧内脏高敏感。临床观察发现，疏肝解郁类中药（如柴胡、香附）不仅能缓解情绪症状，还可降低血清 CRF 水平，修复胃黏膜屏障功能。

3）气血失和与"菌群-肠-脑轴"的关联：中医认为"气血调和则百病不生"，气血运行障碍是 FD 的重要病机。脾胃虚弱导致气血生化不足，或气滞血瘀阻碍经络，均会影响肠道微生态平衡。研究发现，FD 患者的脾虚湿困证型常伴随肠道菌群多样性降低，厚壁菌门/拟杆菌门比例失调，与西医的"菌群-肠-脑轴"紊乱表现一致。中医通过健脾化湿（如参苓白术散）、活血通络（如丹参、川芎）等治法，可增加产短链脂肪酸菌群（如罗氏菌属），抑制促炎菌（如大肠杆菌），从而调节脑肠互动。例如，黄连所含的小檗碱能抑制肠道致病菌生长，同时通过激活 AMPK 信号通路改善胰岛素抵抗，间接缓解 FD 患者的餐后饱胀感。

4）痰饮与"神经-免疫-内分泌网络"失调：痰饮是中医特有的病理产物，其形成与脾胃运化水湿功能失常直接相关。FD 患者若见舌苔厚腻、脘痞呕恶，多属痰湿中阻证，此证型与胃肠黏膜免疫异常（如肥大细胞活化、IL-6 升高）及迷走神经功能抑制密切相关。化痰祛湿类方剂（如二陈汤、温胆汤）可通过抑制 TLR4/NF-κB 通路减轻低度炎症，同时调节胆囊收缩素（CCK）分泌，改善胃排空功能。此外，痰饮上扰清窍可致头晕、失眠，提示"痰-脑"病理联系，与脑肠轴中的中枢敏化机制相呼应。

5）中西医汇通与现代研究启示：现代中医研究通过"病证结合"模式，逐步揭示 FD"脑肠互动异常"的生物学基础。例如，"肝郁证"患者血清脑肠肽（如 Ghrelin）水平异常，与边缘系统（如杏仁核）功能亢进相关；"脾虚证"则与肠道菌群代谢物（如丁酸盐）减少、迷走神经传导障碍联系密切。这些发现为中医证候的客观化提供了依据，也推动新型中成药研发，如舒肝解郁胶囊（含贯叶金丝桃、刺五加）被证实具有 SSRIs 类药物的抗焦虑作用，同时改善胃动力。

3. 脑肠同调在功能性消化不良治疗中的应用

（1）中药治疗　辛开苦降调枢法由《伤寒论》泻心汤为代表的辛开苦降系列方演变而来。FD 是一种典型的消化系统心身疾病，其发病与社会精神心理因素密切相关。流行病学研究表明，FD 与精神病理因素和精神障碍共病有关，尤其是焦虑症和抑郁症。依据《功能性消化不良中医诊疗专家共识意见（2017）》，寒热错杂证为主要证型之一。在诊疗上应兼顾患者消化系统症状和精神心理状态这两个关键环节，因此，笔者提出"脑肠同调"的思路。应用辛开苦降调枢法治疗 FD，此处"调枢"具体指辛开苦降，疏肝解郁。代表方剂半夏泻心汤加减。

辛开苦降调枢法代表方剂胃康宁（姜半夏、黄连、砂仁、黄芩、干姜、党参、郁金、厚朴、白芍、醋元胡、柴胡、大黄、炒杏仁、炙甘草），在半夏泻心汤基础上加入行气解郁之柴胡、郁金、厚朴、砂仁等药，具有平调寒热、消痞散结、调畅气机、疏肝解郁之功效。尤其郁金一味，归肝、胆、心经，既能活血，又可行气，还兼有解郁开窍之功。正如《本草备要》所言"行气，解郁，泄血，破瘀，凉心热，散肝郁"，为调枢之要药。现代药理研究表明郁金作为治疗抑郁症的核心药物，其主要成分是谷甾醇和 β-谷甾醇，多巴胺受体、五羟色胺受体和阿片受体为主要作用靶点，对神经活性配体-受体相互作用、γ-氨基丁酸信号突触、环磷酸腺苷信号通路、钙离子信号通路和多巴胺能神经突触进行网络状综合调节可能是抗抑郁的主要方式。前期临床表明辛开苦降调枢法可以在改善 FD 寒热错杂证上消化道症状的同时缓解不良情绪。

在此基础上，本课题组采用随机、双盲、安慰剂对照试验进一步对胃康宁疗效及安全性进行了评价，结果显示治疗组（97.1%）疗效优于对照组（81.3%），安全性评价中两组均未出现不良反应。另一项针对胃康宁治疗 FD 寒热错杂证患者的心理疗效观察结果显示其总有效率为 86.7%，优于对照组，治疗后焦虑自评量表、抑郁自评量表评分较对照组明显降低，提示胃康宁可以显著改善患者焦虑和抑郁情绪，缓解 FD 症状，并且还可避免服用抗抑郁药物带来的不良反应[16,17]。在临床试验的同时，本课题组对该法治疗 FD 进行了基础研究，表明胃康宁可使情志致病 FD 模型大鼠降钙素基因相关肽、P 物质表达明显减少，改善 FD 大鼠胃肠感觉过敏。常玉娟等通过观察胃康宁对 FD 大鼠胃排空功能及血浆胃肠激素水平，以及对十二指肠嗜酸性粒细胞、肥大细胞、$Ca^{2+}-Mg^{2+}-ATP$ 酶和相关神经递质的影响，证明 FD 的病理生理机制与十二指肠运动障碍及嗜酸性粒细胞浸润有关，胃康宁可能通过调节外周血胃动素、胃促生长素、胃泌素含量及十二指肠相关神经递质及免疫细胞表达，进而改善 FD 大鼠胃肠动力、降低胃肠过敏。

临床与基础研究结果为"脑肠同调"之辛开苦降调枢法治疗 FD 提供了支撑。FD 主要有上消化道症状和精神心理改变，这二者也是"调枢"的关键，本课题组坚持"药以治病，医以疗心"的理念，在应用辛开苦降，疏肝解郁药物的同时，重视精神心理的干预，从患者的生理、心理、生活方式等多方面入手，以药物治疗、心理疏导、生活干预等方面多维度调摄，疗效更佳。

（2）针刺治疗　针刺作为治疗脾胃病的主要非药物疗法之一，应用广泛，安全有效。临床上常取足太阴脾经合足阳明胃经的腧穴，同时注重调神，尤其体现在传统针法的运用中，如灵龟八法，体现了"脑肠同调"治法的理论内涵。针刺可改善 FD 患者消化不良症状和精神状态，对神经降压素表达的调节具有明显优势[37]，并且可直接作用于相关脑区进行调控。研究发现，针刺可调节大脑脑区活动的变化，如针刺阳陵泉可增强大脑前扣带回、左颞回、右顶下小叶、右额回局部一致性（ReHo），降低左丘脑、右岛突皮层、左下额回、右前扣带回 ReHo；针刺足三里可调节小脑和边缘系统中多个水平的神经活动。针刺是功能性胃肠病（FGID）常用的辅助治疗手段，有研究表明，针刺可以通过胃肠动力、胃肠屏障、内脏敏感性、脑肠轴等多个方面调节胃肠功能。临床研究发现，与假针（非穴位针刺）相比，针刺治疗能明显改善 FD 患者的餐后腹胀和早饱的症状，提高生活质量，且针刺对脑岛、脑前扣带区、下丘脑等在内的稳态传入神经网络的调节作用更为显著，这可能是针刺对本病作用的具体机制。

（3）情志疗法　中医以整体观为指导，历来重视对人体情志的认识，尤其对七情与内脏精气的关系方面具备完整的理论体系。中医情志疗法，即"调神"，利用人的情志变化来调整阴阳、调和气血以达治疗目的的疗法。《素问·宝命全形论篇》就将"治神"放于首位，曰"一曰治神，二曰知养身，三曰知毒药为真，四曰制砭石小大，五曰知腑脏血气之诊"。同时，随着生物心理社会医学模式的提出，心理因素在各疾病发生发展中的作用逐渐被重视。情志疗法在常见脾胃病中的运用较为广泛，包括心理疏导、认知治疗、支持疗法、森田疗法、音乐疗法及阅读疗法等。临床研究发现，情志疗法可有效改善 FD 患者的焦虑抑郁的心理状态，有效缓解躯体症状，提高生活质量。情志疗法从"脑"相关功能入手，治疗"肠"之疾病，是"脑肠同调"的具体运用，是临床常规治疗的重要辅助手段。在 FD 患者临床治疗过程中，应重视心理疏导与精神鼓励，鼓励患者培养良好的兴趣爱好，及时有效疏导不良情绪。

4. 验案举隅

患者，女，64岁，以"间断胃脘痞闷不适30余年，加重3天"为主诉于2017年4月21日来门诊就诊。患者自述于30余年前因情志不遂出现胃脘部痞闷不适，食后尤甚，于当地医院查胃镜示：未见明显异常，故未予治疗。此后间断发作，约1~2次/月，性状同前，自行服用参芪颗粒、逍遥丸等中成药可稍缓解。3天前患者于争吵后再次出现胃脘痞闷，少食即腹胀，遂至门诊就诊。刻下症见：胃脘部痞闷，少食即腹胀，无腹痛，无反酸烧心，无恶心呕吐，无胸闷憋气，无头痛头晕，无眼干耳鸣，口干欲热饮，晨起口苦，纳差，小便调，大便干，眠欠安，近期体重无明显变化。舌脉：舌淡红，舌体胖大有齿痕，苔黄腻；脉弦迟。予半夏泻心汤加减，处方：清半夏10g、黄芩10g、黄连8g、干姜10g、太子参30g、炒谷芽30g、炒麦芽30g、炒苍术30g、炒白术30g、酸枣仁（捣碎）60g、首乌藤30g、郁金18g、玫瑰花30g、合欢花30g、生姜6片、大枣3枚，6剂，水煎服。嘱患者遇事需转换角度认识问题，慢慢做到心平气和，并且培养个人的兴趣爱好，加强锻炼。

2017年4月27日二诊，患者自述遵照医嘱，情绪较前放缓，睡眠情况改善，胃脘部痞闷较前减轻，纳差仍有。继予前方12剂，继续嘱咐其注意心理和生活习惯的调整，后未再复诊，随访患者胃脘痞闷未再发作。

按 根据患者主诉胃脘痞闷，结合舌脉可知患者中医辨病属胃痞，辨证为肝郁气滞证；西医诊断：功能性消化不良。患者平素急躁易怒，病程反复30余年，初起以肝气郁结为主，病情迁延，肝木克犯脾土，出现虚实夹杂；舌色淡红而苔黄腻可知属寒热错杂；中焦气机壅滞故见胃脘痞闷。综上，该患者属中焦稳态之虚实、寒热、升降、情志均有不同程度的失调，其中又以情志为主。故药物和心理治疗共同使用，方中半夏泻心汤寒热平调、辛开苦降，加入炒谷麦芽和苍白术以健脾助运以调升降，郁金、玫瑰花、合欢花疏肝理气以调情志，重用酸枣仁且捣碎以养心安神、润肠通便。心理治疗方面，解释病情以帮助患者舒缓焦虑的情绪，给予积极的心理暗示，帮助其培养自我调节能力。

5. 小结

魏玮教授针对FD提出了"脑肠同调"的治疗理念。该理念是以中医整体观和生物心理社会医学模式为背景，以中西医结合诊疗为宗旨，以常见脾胃病的中医"神明之枢失衡（脑）"与"胃肠腑气不通（肠）"的病机认识，以及西医"脑-肠轴"紊乱的理论指导，针对多维度整合治疗相关疾病而凝练并提出，其理论内涵深深扎根于中西医对于人体和疾病的认识，融合了传统哲学思维和现代疾病认识观,其科学性在临床常见脾胃病的诊疗运用中得到了初步验证。通过辛开苦降调枢法等中医治疗方法及针刺、情志疗法等综合手段,同时调节脑与肠的功能,显著提高了 FD 的临床疗效。这一理念不仅丰富了中医脾胃病的治疗理论,也为 FD 的治疗提供了新的思路和方法。

目前,FD 发病机制复杂且存在个体差异,使得诊断和治疗具有较大挑战性;高质量临床证据的缺乏,难以充分支持中医药的疗效和安全性;患者常伴有焦虑、抑郁等情绪问题,社会心理因素的干预成为治疗难点;以及如何实现个体化治疗,准确评估患者差异并制定个性化治疗方案仍需进一步研究和探索。

随着多学科交叉融合的深入和创新治疗方法的开发,有望更全面地揭示 FD 发病机制,实现个性化治疗,为患者提供更多元化的治疗选择,并进一步提升中医药在该领域的应用地位和作用。然而,实现这一展望仍需面对发病机制复杂、高质量临床证据缺乏等挑战,并需关注和解决社会心理因素干预等问题。

(二)功能性便秘与脑肠同调

功能性便秘(functional constipation,FC)是常见的功能性胃肠病之一,临床上主要表现为排便困难、粪便干硬、频次减少或排便不尽感,虽无明显器质性病变,但严重影响人们日常生活,极大降低了人们的生活质量。FC 发病机制复杂,涉及结直肠动力、盆底肌功能、黏膜免疫调节等多方面,罗马Ⅳ指出,脑肠互动紊乱是 FC 的主要发病机制之一,并将其分为慢传输型便秘(slow transit constipation,STC)、功能性排便障碍(functional defecation disorders,FDD)和正常传输型便秘(normal transit constipation,NTC)三种类型[21,22]。我国成人 FC 的患病率约为 6%,女性明显高于男性,且随着年龄增长,FC 的患病率随之增高[23]。西医治疗主要以调节肠功能、促进排便为主,临床常选用口服相关泻药以改善症状,但此类药物长期服用不仅有不良反应,并且易使患者产生依赖性[24],而中医基于"脑肠同调"的诊疗思路,从中药、针刺、情志疗法等角度"从肠治脑"与"从脑治肠"多靶点相结合诊治 FC,在临床上取得满意疗效。

1. 功能性便秘与脑肠互动异常的关系

(1)西医认识　在大脑与肠道的双向通路中,脑肠肽(brain gut peptide,BGP)和肠道菌群起到重要的桥梁作用。与正常人相比,FC 患者多存在肠道菌群紊乱及 BGP 水平异常。FC 患者肠道益生菌明显减少,致病菌增加。有益菌群的减少会影响肠道蠕动和分泌功能,进而影响排便。同时,菌群失衡会影响其代谢产物如短链脂肪酸(SCFA)、胆汁酸等物质的产生,从而改变肠道 PH、削弱肠道屏障功能、引起炎症反应等[25]。BGP 既可直接作用于特异性受体调节胃肠道功能,又能穿过血脑屏障到达中枢，作用于胃肠道平滑肌细胞及感觉神经末梢的相应受体发挥信息传递作用。其中一氧化氮（nitric oxide，NO）、SP、血管活性肠肽（vasoactive intestinal peptide，VIP）是研究较多的与FC相关的BGP。NO和VIP均为消化道分泌的非胆碱能抑制性脑肠肽，可降低胃肠道的兴奋性，抑制胃肠道运动，减慢胃肠蠕动和抑制胃排空作用，从而引起或加重便秘[26]。SP是一种兴奋性脑肠肽，对胃肠道纵行肌和环行肌均有收缩作用，能加快胃肠蠕动，减轻便秘症状。FC患者体内抑制性脑肠肽NO和VIP水平升高，兴奋性脑肠肽SP水平下降，且随着病情加重其脑肠肽水平异常越明显[27]。

作为一种身心共患疾病，FC患者多伴有不同程度的焦虑、抑郁等精神心理问题，这可能与FC患者右侧眶额皮层、左侧中央前回、双侧丘脑的脑灰质体积显著降低有关[28]。此外，消化道运动受自主神经和内分泌系统的影响，以上两个系统中枢与情感中枢的皮层下整合中心位于同一解剖部位，大脑皮质影响下丘脑及自主神经系统，从而使肠蠕动和肠管张力减弱。长时间的不良情绪可抑制大脑排便反射，降低结肠敏感性；而心理障碍尤其是焦虑可增加盆底肌群的紧张度，引起排便时肛门和直肠间的矛盾运动，导致便秘。FC患者多伴有精神心理障碍，精神性疾病反过来又会加重FC，两者形成恶性循环[29]。

（2）中医认识　FC归属于祖国医学"便秘"范畴，《内经》所记载"大便难""后不利"即为"便秘病"，《伤寒论》中亦有"脾约"之称。《古今医统大全》云"有年高血少，津液枯涸；或因有所脱血，津液暴竭；新产之妇，气血虚耗，以致肠胃枯涩；体虚之人，摄养乖方，三焦气涩，运掉不行，而肠胃壅滞，遂成秘结"。便秘可总结为肠胃积热、津液不足、劳倦体弱、气机郁滞等方面。其病位在肠，又与肺、脾、胃、肝、肾等脏腑有关。而焦虑抑郁状态属中医"郁证"的范畴，与肝、脾之间关系尤为密切。郁证可由多种原因引起，其病因多为脏腑虚弱或气机失常。临床表现多样，尤以悲忧恼怒最多。恚怒伤肝，忧思伤脾，病位主在肝脾，主要以肝脾不和和（或）气阴受损为表现。肝藏血主疏泄，脾主运化，为气机升降的枢纽，又为气血生化之源。肝为刚脏，性喜条达而主疏泄，肝与脾胃是木土乘克关系，若忧思恼怒，情志不舒则气郁而伤肝，肝失疏泄，横逆克脾犯胃，以致脾胃不和，气机不畅，运化失常，故会加重便秘[29]。

针对FC的特点，可将FC病机概括为"神明之枢失衡（脑）"与"胃肠腑气不通（肠）"两个方面，这与西医脑肠互动异常有异曲同工之妙。一方面，神明之枢失衡，七情太过，脏腑气机升降失常，影响脾胃肠正常功能的发挥，大肠通降受阻。故《脾胃论》云"皆先由喜怒悲忧恐为五贼所伤，而后胃气不行"。另一方面，胃肠腑气不通，气机逆乱，上扰心神；或气血生化乏源、精微输布受阻，不能上荣心脑，均可导致情志异常，故有"足阳明之脉，……上高而歌，弃衣而走""阳明之厥……妄见而妄言"之谓。基于 FC 的病机，创造性提出"脑肠同调"的治法。其中"脑"既包含了中医理论中共主神明的心和脑，又涵盖了西医的中枢神经系统，"肠"既包含了中医理论中的脾胃和大小肠，又涵盖了西医的消化系统。因此，"脑肠同调"是一种汇集了中西医理论的创新性治法，并广泛适用于中医内治、外治及情志疗法等多方面[30]。

2. 脑肠同调治法在功能性便秘中的运用

（1）中药治疗

1）辛开苦降调枢法：患者每因解便困难而屡用泻下之物，如大黄、番泻叶等暂通肠腑，而《景岳全书》载"凡病涉虚损而大便闭结不通，则硝、黄攻击等剂必不可用"，故临床上应避免泻剂的乱用而致胃肠功能紊乱。百病皆由脾胃衰而生，FC 患者大多脾胃虚弱，运化失司，中焦受困，气机升降逆乱，大肠传导失常，故以调理脾胃为根本，恢复中焦脾土的枢机功能，从而疏导糟粕外泄，达到升清降浊的目的。辛开苦降、升清降浊为治疗功能性便秘之大法，使运化得以恢复，大便自通，半夏泻心汤为首选方。在辛开苦降的基础上，腹胀满闷者加枳实、厚朴以理气消胀，加炒谷芽、炒麦芽以消食导滞，加石斛、麦冬以滋胃阴、厚胃肠，加火麻仁、郁李仁、苦杏仁润肠通便；腹痛者加炒白芍、炙甘草；痛有定处如锥刺者加丹参、红花以活血通络；失眠多梦者重加炒枣仁；气血两虚者重用生黄芪。煎药时嘱患者放生姜，取其辛温之性，温胃和中散寒，并解半夏之毒[31]。

2）疏肝解郁安神法：中医治疗 FC 既注重调理患者的脾胃功能，又时刻关注患者的精神心理状态。《医学入门》云："肝与大肠相通，肝病宜疏通大肠，大肠病宜平肝"。肝主疏泄，调节情志，畅达气机，若肝气疏泄正常，通降有序，糟粕得以排出，则精神乃居，心境平和。若气郁化火，肝气亢逆或郁滞，疏泄太过或不及，脾胃的运化功能失健，气机壅滞，大肠传导失常而发为便秘。而便秘日久，气机阻滞或气郁化火，扰乱神明，脑主神明功能失常，进一步加重情志不畅。临床辨治 FC 注重从肝入手，治疗时可从肝气郁滞和肝气逆乱角度出发，注重疏肝、清肝之法，使肝气条达、心神安宁，恢复大肠传导功能，以期"脑肠同调"。疏肝解郁安神法是 FC 的另一治疗大法，在疏肝解郁的同时，并以安神除烦，宁心除烦，同时有助于通便。情志不畅者，临床常用玫瑰花、合欢花、绿萼梅、郁金等轻拨气结，疏肝解郁；夜寐不安者，常用当归、酸枣仁、夜交藤以养血补血，宁心安神。

（2）针刺治疗　针刺疗法是将毫针作用于腧穴，结合手法刺激，从而产生疏通经络、调和气血作用的一种疗法。针刺刺激相应腧穴的深层感受器，可以激发神经末梢兴奋性，通过外周神经向神经中枢发放冲动，神经冲动传入后在中枢实现整合与调制，然后再经传导通路作用于脏腑器官从而实现针刺的治疗作用。针刺能够双向调节消化系统及中枢神经系统，通过神经传导、内分泌调节和免疫反应等方式，改善 FC 患者临床症状及精神心理状态，对于脑肠轴具有明显的调节作用[32]。目前，FC 已是世界卫生组织推荐使用针灸治疗的 43 种常见疾病之一。针刺可调节 FC 患者的胃肠功能，这主要是通过调节胃肠动力及黏膜通透性、改善神经内分泌水平、恢复脑肠神经功能紊乱、调节肠道菌群等方面来实现的。其中，针刺腹部穴位可通过兴奋交感神经来抑制胃肠动力，而针刺四肢穴位则通过兴奋迷走神经来增强胃肠动力。强捻转刺激可抑制肠蠕动，而弱刺激或单纯留针则增强肠蠕动，因此可根据患者的临床表现选择不同的穴位及补泻手法，以实现个体化的诊疗[33,34]。此外，在传统针刺基础上（中脘、天枢、足三里、上巨虚等），根据脑肠轴理论选穴加用神门、四神聪，在改善便秘症状以及焦虑与抑郁方面疗效更佳，表明脑肠轴理论选穴治疗 FC 优于传统针刺[35]。

（3）情志疗法　在中医"形与神俱"理念的指导下，历代医家重视情志疗法在 FC 中的重要性，主张通过"调神"来治疗疾病。情志疗法主要是通过调节"脑"的功能来治疗"肠"的相关疾病，是"脑肠同调"治法的重要组成部分。中医"身心"综合方案治疗 FC 较西药对照组（促动力药联合缓泻剂）相比，能更好地缓解便秘症状，提高临床疗效[36]。心理治疗通常包括健康教育、心理治疗、认知行为、药物治疗等。盆底表面肌电生物反馈与心理干预疗法具有协同的作用，治疗 FC 优于盆底表面肌电生物反馈+基础疗法，可以显著改善 FC 患者的临床症状及心理状态[37]。因此，在 FC 的临床治疗中，我们应做到医养结合，及时关注患者的精神心理问题，鼓励患者合理膳食、加强锻炼、增强体质，帮助患者疏导不良情绪，保持积极乐观的心态，达到固正气、祛外邪的目的。

3. 小结

FC 的发病率逐年上升，已成为困扰人类健康的重要问题。脑肠互动紊乱是 FC 的核心发病机制，精神心理因素可通过影响脑肠轴的功能参与 FC 的进展。根据其发病机制，提出了"脑肠同调"、兼顾"脑"与"肠"多靶点的诊疗思路。治疗 FC 的关键在于以中药为主，情志疏导为辅，处方用药需重视"调脑"与"调肠"并用，情志与脾胃同治，方能切断恶性循环。临床中要注意药物治疗应中病即止，以肝达脾健为宜，"治中焦如衡，非平不安"。治疗同时重视患者的心理疏导，加强健康宣教，停药后仍要帮助患者养成健康的生活方式，摆脱对药物的依赖，重建对生活的信心，发挥中医身心同治的优势。

参 考 文 献

[1] Ng SC, Shi HY, Hamidi N, et al. Worldwide incidence and prevalence of inflammatory bowel disease in the 21st century: a systematic review of population-based studies. Lancet, 2017, 23, 390 (10114): 2769-2778.

[2] Kaplan GG. The global burden of IBD: from 2015 to 2025. Nat Rev Gastroenterol Hepatol, 2015, 12 (12): 720-727.

[3] Gao X, Tang Y, Lei N, et al. Symptoms of anxiety/depression is associated with more aggressive inflammatory bowel disease. Sci Rep, 2021, 11 (1): 1440.

[4] 甄建华, 黄光瑞. 溃疡性结肠炎病因和发病机制的现代医学研究进展. 世界华人消化杂志, 2019, 27 (4): 245-251.

[5] Westfall S, Lomis N, Kahouli I, et al. Microbiome, probiotics and neurodegenerative diseases: deciphering the gut brain axis. Cell Mol Life Sci, 2017, 74 (20): 3769-3787.

[6] Karakan T, Ozkul C, Küpeli Akkol E, et al. Gut-Brain-Microbiota Axis: Antibiotics and Functional Gastrointestinal Disorders. Nutrients, 2021, 13 (2): 389.

[7] Singh J, Vanlallawmzuali, Singh A, et al. Microbiota-brain axis: Exploring the role of gut microbiota in psychiatric disorders - A comprehensive review. Asian J Psychiatr, 2024, 97: 104068.

[8] Wu Y, Tang L, Wang B, et al. The role of autophagy in maintaining intestinal mucosal barrier. J Cell Physiol, 2019, 234 (11): 19406-19419.

[9] Leslie JL, Vendrov KC, Jenior ML, et al. The Gut Microbiota Is Associated with Clearance of Clostridium difficile Infection Independent of Adaptive Immunity. mSphere, 2019, 30; 4 (1): e00698-18.

[10] Lee JG, Han DS, Jo SV, et al. Characteristics and pathogenic role of adherent-invasive Escherichia coli in inflammatory bowel disease: Potential impact on clinical outcomes. PLoS One, 2019, 14 (4): e0216165.

[11] Vieira-Silva S, Sabino J, Valles-Colomer M, et al. Quantitative microbiome profiling disentangles inflammation- and bile duct obstruction-associated microbiota alterations across PSC/IBD diagnoses. Nat Microbiol, 2019, 4 (11): 1826-1831.

[12] Ishioh M, Nozu T, Igarashi S, et al. Activation of central adenosine A2B receptors mediate brain ghrelin-induced improvement of intestinal barrier function through the vagus nerve in rats. Exp Neurol, 2021, 341: 113708.

[13] Walldorf J, Porzner M, Neumann M, et al. The Selective 5-HT1A Agonist SR57746A Protects Intestinal Epithelial Cells and Enteric Glia Cells and Promotes Mucosal Recovery in Experimental Colitis. Inflamm Bowel Dis, 2022, 28 (3): 423-433.

[14] Stange EF, Schroeder BO. Microbiota and mucosal defense in IBD: an update. Expert Rev Gastroenterol Hepatol, 2019, 13 (10): 963-976.

[15] 邹孟龙, 宁芯, 陈雅璐, 等. 四君子汤介导肠道黏膜屏障防治溃疡性结肠炎的研究进展. 中

医药导报，2020，26（10）：134-137.

[16] Hu Y, Li M, Lu B, et al. Corticotropin-releasing factor augments LPS-induced immune/inflammatory responses in JAWSII cells. Immunol Res, 2016, 64 (2): 540-547.

[17] Fung TC. The microbiota-immune axis as a central mediator of gut-brain communication. Neurobiol Dis, 2020, 136: 104714.

[18] Sgambato D, Miranda A, Ranaldo R, et al. The Role of Stress in Inflammatory Bowel Diseases. Curr Pharm Des, 2017, 23 (27): 3997-4002.

[19] 魏玮, 刘倩, 荣培晶, 等. 功能性胃肠病"脑肠同调"治法的建立与应用. 中医杂志, 2020, 61（22）: 1957-1961.

[20] 张涛, 苏晓兰, 毛心勇, 等. 脑肠同调治法在消化心身疾病中的应用. 中国中西医结合杂志, 2023, 43（05）: 613-617.

[21] Drossman D A, Hasler W L, Drossman D A, et al. Rome IV-Functional GI Disorders: Disorders of Gut-Brain Interaction. Gastroenterology, 2016, 150 (6): 1257-1261.

[22] 柯美云, 方秀才, 侯晓华. 功能性胃肠病: 肠-脑互动异常. 北京: 科学出版社, 2016: 3: 642-653.

[23] 朱兰, 郎景和, 王静怡, 等. 七省（市）城乡成年女性功能性便秘的流行病学调查. 中华医学杂志, 2009（35）: 2513-2515.

[24] 胡露楠, 刘启鸿, 柯晓. "脑肠同调"治法在功能性便秘中的运用. 实用中医内科杂志, 2023, 37（12）: 56-59.

[25] 陈启仪, 姜军. 功能型便秘与脑-肠-菌群轴的关系. 中华胃肠外科杂志, 2017, 20（12）: 1345-1347.

[26] 林菲菲, 何春风, 林德. 儿童功能性便秘患者肠道菌群及血清脑肠肽水平的变化. 中国微生态学杂志, 2020, 32（06）: 692-694.

[27] Khalif I L, Quigley E M, Konovitch E A, et al. Alterations in the Colonic Flora and Intestinal Permeability and Evidence of Immune Activation in Chronic Constipation. Digestive and Liver Disease, 2005, 37 (11): 838-849.

[28] Cai W, Zhou Y, Wan L, et al. Transcriptomic Signatures Associated with Gray Matter Volume Changes in Patients with Functional Constipation. Frontiers in neuroscience, 2022, 15: 791831.

[29] 杨洋, 程遥, 史海霞, 等. 功能性便秘合并焦虑抑郁状态中医诊疗思路. 辽宁中医杂志, 2017, 44（03）: 492-493.

[30] 魏玮, 刘倩, 荣培晶, 等. 功能性胃肠病"脑肠同调"治法的建立与应用. 中医杂志, 2020, 61（22）: 1957-1961.

[31] 张建非, 魏玮, 苏晓兰. 魏玮教授辛开苦降法治疗功能性便秘经验总结. 中国社区医师, 2017, 33（24）: 87+89.

[32] Acupuncture: review and analysis reports on controlled clinical trials. Geneva: World Health Organization, 2002: 81.

[33] 郭青青, 杨改琴, 秦玮珣, 等. 功能性便秘发病机制及针灸干预研究进展. 辽宁中医药大学学报, 2022, 24（11）: 203-206.

[34] Li Y, Tougas G, Chiverton S G, et al. The Effect of Acupuncture on Gastro-intestinal Function and Disorders. The American Journal of Gastroenterology, 1992, 87 (10): 1312-1381.
[35] 邵文超, 卢殿强. 脑肠轴针灸治疗功能性便秘 60 例临床分析. 宁夏医学杂志, 2019, 41 (08): 751-753.
[36] 姚一博, 何春梅, 梁宏涛, 等. 中医"身心"综合方案治疗气阴两虚型重度混合型便秘的临床观察. 上海中医药大学学报, 2020, 34 (06): 19-23+29.
[37] 陈峰, 黄如华, 郑玉金, 等. 盆底表面肌电生物反馈联合"认知-协调-建构"的心理干预治疗功能性便秘的临床疗效. 中国老年学杂志, 2017, 37 (15): 3798-3800.

第二节　脑肠同调疾病的中医治疗

一、中药治疗脑肠同调疾病的策略（基于"虚、郁、瘀滞病机"）

《灵枢·平人绝谷》中提到："故神者，水谷之精气也"，揭示了中医理论中水谷精微与"神"之间的密切关系。这里的"神"指的是人体的精神活动和生命力，而"水谷"则是指饮食中的精华。水谷精微是指从食物中提取出来的营养物质，这些物质在体内转化后成为支持生命活动的基本物质。所以在传统中医理论中，水谷精微和神之间有着密不可分的关系。水谷精微的主要作用是为身体提供必要的营养和能量，而神的状态则反映了身体的健康和生命力。水谷精微不仅是神的来源，而且还是其滋养的基础，因此获取水谷精微的脾胃理所当然的与神有着密切的联系，二者的相互转化和滋养的机制在正常生理状态下表现得非常和谐。

然而，当身体处于病理状态时，这种关联会使二者相互干扰。例如，肠道中的菌群失调或消化功能障碍，可能会影响到脑部的神经递质水平，导致情绪波动或认知功能下降。同时，脑部的情绪和精神状态也可以通过神经系统影响到肠道的功能，造成消化不良或腹部不适。

而这种脑肠之间的相互作用在中医治疗中也得到了一定的运用——中医在干预和治疗疾病时，会通过调节水谷精微的转化，来达到改善神的功能的目的；同时也会通过对神的影响来促进对消化系统治疗，获得良好的转归。这种治疗的思路就是中药在脑肠同治的策略的体现。

（一）消化疾病论治

1. 功能性胃肠病

功能性胃肠病（functional gastrointestinal disorders，FGID）是一组常见的消化系统疾病，包括功能性消化不良 FD、肠易激综合征（Irritable Bowel Syndrome，IBS）、便秘等。这些疾病的症状表现多样，但都与消化系统的功能异常有关，而这些功能异常并不伴随明显的结构性病变或器质性病变。

大量的研究表明，脑-肠轴在 FGID 的病理生理变化中扮演了重要角色。脑-肠轴指的是中枢神经系统（CNS）和肠神经系统（ENS）之间的复杂交互作用。在这一轴线的调控下，多种神经递质、神经肽、激素及免疫因子都参与了 FGID 的发病机制。例如，5-羟色胺（5-HT）作为一种重要的神经递质，在调节肠道蠕动和感觉方面发挥了关键作用，其失衡可能导致胃肠道功能紊乱。

在西医治疗中，FGID 的治疗通常从阻断外周病理环节入手，例如通过药物干预缓解特定症状。然而，这种方法往往只能缓解某一局部症状，整体疗效不尽如人意。因此，越来越多的研究和临床实践开始关注中枢性改变的治疗方法，包括认知行为疗法、心理干预以及调节中枢神经系统和肠神经系统的药物治疗。这些药物包括选择性 5-羟色胺再摄取抑制剂（SSRI）、κ-阿片样受体激动剂、多巴胺受体拮抗剂等，这些药物能够在一定程度上改善 FGID 的症状，促进患者的整体健康。

在中医学中，功能性胃肠病被归属于"痞证""腹满""纳呆""郁证""便秘"等范畴。古今医家对这些疾病有着不同的阐述和认识，但通常认为情志不遂、忧思恼怒、肝气郁结、肝失疏泄、脾失运化、胃失通降等是其基本病机。情志失调被认为是引发 FGID 的重要因素之一，因此其治疗多于疏肝、补脾着手。

（1）功能性消化不良（FD） 是一种常见的功能性胃肠疾病，具有慢性消化不良的表现，但无器质性或代谢性疾病证据的一组临床症候群，临床表现为上腹部疼痛、烧灼感、胀气及餐后饱胀、早饱感、恶心、呕吐、嗳气等，脑-肠轴可通过调节肠黏膜屏障、肠黏膜免疫、胃肠动力、内脏敏感性及神经系统的功能进而对 FD 的发生发展发挥重要作用。

一项综述研究[1]对 198 篇中医药治疗 FD 的文献进行了分析，其中 69 篇文献探讨了 FD 的病因。57 篇文献指出，情志失调（包括精神紧张、抑郁、焦虑、恼怒等）是导致 FD 的重要因素。根据中医理论，情志失调主要影响肝脏的功能，而肝气郁结又会进一步导致脾胃的虚弱，从而引发消化功能障碍。因此，中医治疗 FD 通常会考虑调理情志，疏肝解郁，同时补脾健胃。

另一项研究[2]将59例IBS患者根据中医辨证分为肝郁气滞、肝郁脾虚、脾胃虚弱、寒热夹杂、大肠燥热和脾胃虚寒等六个证型。通过心理量表测试，发现IBS患者普遍存在焦虑、抑郁等负面情感，其中肝郁气滞和肝郁脾虚证型在焦虑、抑郁里表现得尤为多见。这一发现进一步证实了肝脾功能失调在FGID中的关键作用。因此，对于IBS患者的治疗，临床上应重点考虑疏肝解郁和补脾健胃的治疗策略。

（2）功能性便秘（functional constipation，FC） 是一种在排除肠道器质性病变的前提下，以排便次数减少、排便时间延长、粪质干硬、排便费力、有排不尽感为主要临床表现的一组症候群。功能性便秘的危害性尤其体现在易造成严重心理负担导致焦虑、抑郁状态的发生，便秘后的精神心理状况又可反复刺激患者从而加重便秘症状，致使患者产生严重的心理负担。

现代医家认为，功能性便秘的病因往往与气机不畅有关，而气机是指体内气的运行状态，其正常运作对于维持健康至关重要。气机的郁滞和不畅通常会导致肝气郁结，进而影响到肠道的正常功能。这种情况在中医理论中被称为"肝气不疏"，即肝脏气机不畅，导致气血运行受阻，从而影响排便功能。

因此针对伴有情绪障碍的功能性便秘，现代中医多采用疏肝行气的治疗方法。常用的治疗方剂包括加味逍遥散、加味六磨汤和大柴胡汤等。这些方剂的主要作用在于疏通肝气，改善气机的运行，从而缓解便秘症状。加味逍遥散主要用于调理肝脾气机，改善因气滞所致的便秘。加味六磨汤则侧重于疏通气机，缓解气滞导致的便秘。大柴胡汤则具有疏肝解郁、调和气血的作用，能够有效地改善气机的运行状态，缓解便秘症状。

（3）肠易激综合征（irritable bowel syndrome，IBS） 是一种常见的功能性胃肠疾病，其主要特点是腹部不适和功能异常，常伴随有腹痛、腹胀、痉挛和其他消化系统的不适。IBS通常表现为腹部疼痛，这种疼痛可能是持续性或间断性的，伴随有腹胀、腹部不适感。

根据IBS专家共识，IBS可以根据大便形状的不同进行分类。使用粪便形状量表（bristol stool scale，BSS），IBS被划分为四种主要亚型：腹泻型肠易激综合征（diarrhea irritable bowel syndrome，IBS-D）、便秘型肠易激综合征（constipated irritable bowel syndrome，IBS-C）、混合型肠易激综合征（mixed irritable bowel syndrome，IBS-M）以及不定型肠易激综合征（uncertain irritable bowel syndrome，IBS-U）[3]。在这四种亚型中，腹泻型和便秘型是最为常见的。IBS-D主要表现为频繁的腹泻，大便呈水样或松散状；IBS-C则主要表现为排便困难，粪便干硬或块状。

近年来，关于IBS的治疗研究也取得了一些进展。例如，有研究[4]应用健脾疏肝丸对 60 例肝郁气滞型的 IBS-C 患者进行了治疗。研究结果表明，治疗后的患者在 IBS 症状严重程度量表（IBS symptom severity scale，IBS-SSS）、汉密尔顿焦虑量表-14（Hamilton anxiety scale-14，HAMA-14）、汉密尔顿抑郁量表-17（Hamilton depression scale-17，HAMD-17）以及 IBS 生命质量量表（IBS quality of life，IBS-QOL）的评分上均有所改善，这表明健脾疏肝丸对缓解 IBS-C 患者的症状具有积极效果。

此外，2017 年的《肠易激综合征中医诊疗专家共识意见》[5]中指出，对于 IBS-D 型肝郁脾虚证的患者，抑肝扶脾的痛泻要方被推荐为指导方剂。这一共识强调了调节肝脏气机和补益脾胃之气这类诊疗思路在 IBS 治疗中的潜力，特别是针对特定亚型的治疗策略。

2. 非功能性胃肠病

对于非 FGID，由于大脑与消化系统的相互影响是可以明确的，因此不可轻易忽略情志对消化道疾病的影响。如胃食管反流（GERD），中医认为，这种病症的发生与脾胃功能失调以及肝气郁结密切相关。因此可以通过着眼脾胃之枢运用疏肝解郁的治法取得良好的治疗效果。其中传统的疏肝解郁药物有柴胡、陈皮等，但是疏肝又可不囿于疏"肝"，中医以"治未病"为要，在"肝"之征象不明显时，如仅有气滞气郁的表现的时候，就需要考虑进一步演变成肝郁的可能，故可取花类药行气解郁，如玫瑰花、白梅花等，取其芳香轻灵之性，解郁畅达之效[6]。

（二）非消化疾病论治

诚如前文所提及，"脾胃"与"神"存在相当密切的联系，因此除了通过调控情绪治疗消化系统的疾病外，通过调理脾胃来辅助情绪的调节也是对"脑肠同调"思想的运用。

如失眠，作为一种常见的睡眠障碍性疾病，主要表现为入睡困难或睡眠维持困难。现代医学对失眠的治疗方法主要包括认知行为疗法（CBT）、药物疗法和物理疗法。尽管 CBT 在理论上对于改善失眠具有较好的效果，但其短期内效果并不显著，且治疗过程较为繁琐，这导致很多患者对该疗法持有悲观和怀疑态度，影响了其依从性。因此，在实际应用中，CBT 的实施和效果往往受到一定的限制。而在现代医学不断探索的过程中，基于脑肠同调的治疗方针逐渐引起了关注。脑肠同调的理念认为，通过调节胃肠道功能，可以影响大脑的神经内分泌免疫通路，从而改善失眠症状。实际上，这一治疗思路并非新兴，古代医学经典早已有所记载，并以长时间的临床证明其有效性。《灵枢·邪客》中提到："治之奈何……饮以半夏汤一剂，阴阳已通，其卧立至。"这段文字提到的就是古代治疗失眠的一个经典方剂。半夏秫米汤作为其中的代表，流传最广，具有悠久的历史。方中半夏具有祛邪消痰、和胃降逆的作用，能够改善因胃气不畅引起的失眠；秫米则具有甘凉益胃、养阴安神的功能。二者相合，旨在通过调节阴阳平衡，清除体内的痰邪，安抚胃气，从而达到改善睡眠的效果。

在实际的临床应用中，虽然失眠的证型较为复杂，但通过辨证施治，依然能够取得良好的疗效。例如，对于痰热证，可以选择温胆汤及其类方；对于虚实夹杂证，可以选用半夏泻心汤；对于肝郁证，疏肝和胃颗粒则是一种常用的选择；而脾气虚损证则可以使用四君子汤及其类方等。这些治疗方案都表明了脾胃功能与失眠之间的密切联系。通过调理脾胃功能，可以有效改善睡眠障碍，进而促进全身的健康状态[7]。

此外还有抑郁状态。抑郁症是一种复杂且常见的精神障碍，其临床表现主要包括长期情绪低落、睡眠紊乱、焦虑烦躁等。抑郁症的症状严重时，患者可能出现自残或自杀的想法和行为，这对患者的生活质量和整体健康产生了重大影响。中医强调情志异常是抑郁症的主要病因。抑郁症的发生往往与长期的情绪低下、重大事件的刺激或其他心理因素有关。此外，抑郁症在中医的诸多疾病中，如"百合病"和"脏躁"，也可以找到其相似之处。

所以中医认为，抑郁症的核心病机是肝气郁结。根据中医理论，肝主疏泄，负责调节气血的运行和情志的变化。当肝气郁结时，气血的运行会受到阻滞，进而影响情志，导致情绪低落、焦虑烦躁等症状。因此，中医治疗抑郁症时，往往从疏肝解郁的角度出发，通过调节肝气的运行来缓解症状。例如，使用疏肝解郁的药物和方剂，以促进气血的畅通，改善患者的情绪状态。

此外，现代中医研究发现，脾虚在抑郁症的发生和发展中也扮演着重要角色。苏芮等提出，脾虚在抑郁症患者中普遍存在，脾的运化功能不足可能加重抑郁症的症状。脾在中医中主要负责消化和吸收，脾虚会导致食欲下降、营养摄入不足，从而影响气血的生成。由于抑郁症患者常常伴有食欲下降的现象，这一症状提示脾的运化功能可能受到损害。因此，在临床治疗中，对脾的健运进行调理是非常必要的。

汉代《金匮要略》中记载了一些与抑郁症表现相似的疾病，例如"妇人脏躁，喜悲伤欲哭"和"妇人咽中如有炙脔"等。这些描述显示了气血虚耗、气郁痰阻等病理机制。这些古代记载中的症状表现和现代抑郁症有诸多相似之处，说明抑郁症的治疗与气血、脾胃的关系密切相关。《金匮要略》中还提到了一些经典方剂，如百合地黄汤、甘麦大枣汤等，这些方剂对于调理抑郁症具有一定的参考价值。百合地黄汤主要用于调理气血不足、脏躁症状，而甘麦大枣汤则具有安神、养心的功效。这些方剂的使用体现了中医治疗抑郁症时对脾胃的重视，通过调节脾胃的功能，补益气血，从而改善抑郁症患者的症状。脾胃功能的调理对于缓解痰阻、气血不足等症状具有显著效果，同时也有助于改善患者的情绪状态和整体健康。

二、基于脑肠同调理论对胃肠道疾病的针灸治疗

针灸作为一种传统中医治疗手段，近年来在治疗胃肠道疾病中的应用日益受到关注。基于脑肠同调理论（brain-gut axis theory），针灸不仅通过调节局部经络气血发挥作用，更通过影响脑肠轴的神经、内分泌和免疫途径，协调中枢神经系统与胃肠功能的互动，从而实现对胃肠道疾病的治疗。本节将探讨针灸如何通过脑肠同调机制治疗胃肠道疾病，并结合临床研究和理论依据加以阐述。

（一）针灸治疗功能性胃肠病的穴位规律

本章节结合近年来针灸治疗 FGID 的临床文献，总结出针灸治疗相关疾病的高频穴位、穴位配伍及配穴原则。

1. 针灸治疗 FD 的穴位规律总结

（1）腧穴使用频次规律　足三里、中脘、内关、胃俞、脾俞是针灸治疗 FD 使用频次最高的前五个腧穴。其中，足三里使用频率最高，占腧穴总使用频次的 14.16%，中脘次之，为 12.25%。这些高频腧穴在临床治疗中被广泛应用，是针灸治疗 FD 的核心穴位。将上述穴位按照特定穴位分类，募穴使用频次最高，其次为五输穴、八会穴、下合穴、背俞穴等。这表明在针灸治疗 FD 时，特定穴的运用较为频繁，这些特定穴在调节脏腑功能、改善消化不良症状方面具有重要作用。

（2）腧穴归经规律　腧穴归经以足阳明胃经、任脉、足太阳膀胱经为主。足阳明胃经和任脉皆循行过腹部，体现了"经脉所过，主治所及"的主治特点。足太阳膀胱经的背俞穴与五脏之间有着一定的联系，可反映主治五脏相关病症，为脏腑病症选用有关背俞穴进行治疗奠定了理论基础。

（3）高频配伍组合　足三里-中脘、足三里-内关、胃俞-脾俞为高频腧穴配伍。这些配伍组合在临床治疗中具有协同作用，能够增强针灸的疗效。通过这种组合，背俞穴与腹部穴位的互相配伍，有助于增强对胃肠功能的整体改善。

（4）总结桥梁穴位　足三里、中脘、内关为桥梁穴位，与其他穴位的联通性最好。这些桥梁穴位在针灸处方中起到连接和协调的作用，能够与其他腧穴形成有效的配伍关系，增强针灸的整体治疗效果。

（5）穴位配伍方法　针灸治疗 FD 多注重上下配穴法与背俞穴搭配腹募穴之

俞募配穴法。通过这些配伍方法，能够在调节脾胃功能的同时，促进中枢神经与胃肠道之间的良性互动，进一步优化脑肠同调的效果。

针灸治疗 FD 的选穴规律以足阳明胃经腧穴为主，多用特定穴，注重上下配穴法与俞募配穴法，强调辨证论治。这些规律为临床针灸治疗 FD 提供了重要的参考依据，有助于提高针灸的临床疗效。

2. 针灸治疗 IBS 的穴位规律总结

针灸治疗 IBS 的选穴规律在临床实践中具有重要的指导意义。通过对临床随机对照试验文献的分析，可以总结出以下选穴特点和规律。

（1）常用穴位及特定穴　高频使用的穴位包括天枢、足三里、上巨虚、太冲、三阴交、中脘、脾俞、大肠俞、关元和神阙。这些穴位在调节脾胃功能、疏肝解郁、安神定志等方面发挥了重要作用。其中，天枢作为大肠募穴，能调节肠腑功能；足三里是胃经合穴，具有健脾和胃、理气止痛的功效；上巨虚是大肠下合穴，可调理肠道气机。此外，特定穴的使用也较为频繁，如募穴（天枢、中脘、关元）和交会穴（中脘、三阴交），这些穴位在调节脏腑功能方面具有独特优势。

（2）穴位所处部位与归经　在穴位分布上，小腹部、腿阳部和背部是使用频次最高的部位。经络方面，足阳明胃经、任脉和足太阳膀胱经是常用经脉。足阳明胃经的穴位如天枢、足三里和上巨虚，通过调节脾胃功能改善 IBS 症状；任脉的中脘、关元、神阙等穴位可发挥近治作用，调节肠道功能；足太阳膀胱经的脾俞、大肠俞等背俞穴则通过调节脏腑气血，缓解 IBS 相关症状。

（3）穴位聚类分析　通过聚类分析，结果显示，天枢与足三里穴的组合最为常见，二者协同作用可有效调节肠道功能，缓解腹痛、腹胀等症状。这种组合体现了中医针灸学中上下取穴的原则，通过交通机体上下经气，发挥协同治疗作用。

（4）不同分型 IBS 的选穴规律　IBS 根据粪便性状可分为腹泻型（IBS-D）、便秘型（IBS-C）、混合型（IBS-M）和未定型（IBS-U）。不同分型的 IBS 在选穴上存在一定差异：

1）IBS-D（腹泻型）：天枢、足三里和上巨虚是核心穴位。肝郁脾虚型常配太冲、百会，以疏肝解郁；脾肾阳虚型多配肾俞、关元和神阙穴，常用灸法以温阳补肾；脾胃湿热型和脾虚湿盛型多配中脘穴以健脾化湿；寒热错杂型常配阴陵泉穴以调理脾胃。

2）IBS-C（便秘型）：核心穴位同样为天枢、足三里和上巨虚，针刺治疗为主，通过调节肠道气机缓解便秘症状。

3）IBS-M（混合型）：选穴与 IBS-D 类似，以针刺为主，调节肠道功能。

4）IBS-U（未定型）：相关文献较少，选穴规律尚不明确。

针灸治疗 IBS 的选穴规律以足阳明胃经、任脉和足太阳膀胱经为主。核心处方由天枢、足三里、上巨虚、太冲、三阴交、百会、中脘、印堂等穴位组成，能够全面调节 IBS 患者的消化道症状、心理状态及生活质量，具有较好的临床疗效。此外，临证时高频穴位的合理配伍能够有效调节脾胃功能、疏肝解郁、安神定志，从而改善 IBS 患者的临床症状。不同分型的 IBS 在选穴上有所侧重，临床实践中应根据患者的具体症状和证型灵活选择穴位和治疗方法，以达到最佳治疗效果。

（二）针灸相关疗法治疗功能性胃肠病

根据近几年的临床研究，发现多种针灸相关法在治疗 FGID 方面表现出良好的疗效和安全性，主要包括以下几种方法：

1. 针刺治疗

针刺治疗包括普通针刺、腹针、芒针、揿针和电针疗法等。普通针刺通过不同穴位组合和针刺频率，对肝郁脾虚型、肝气郁结型等 FD 患者表现出显著的临床疗效。陈鹏和陈爱萍[8]采用针刺治疗肝郁脾虚型 FD 患者 40 例，给予"老十针"，穴位处方包括内关、上脘、中脘、下脘、气海、天枢、足三里，每周针刺 5 天，共治疗 2 周，临床总有效率为 95.8%。腹针通过刺激腹部特定穴位发挥作用，临床研究中，王国玲[9]采用腹针针刺 21 例肝郁脾虚型 FD 患者，取中脘、下脘等穴，共 2 周 12 次针刺后，临床总有效率为 95.24%。芒针则以其细长针体直达病所，治疗 FD 患者的效果明显优于普通毫针。张绪峰[10]对 45 例 FD 患者采用芒针针刺中脘穴，配穴足三里、内关穴，结果芒针组总有效率优于对照组。揿针通过长时间留针刺激，对 FD 患者的餐后饱胀、嗳气等症状有明显改善。拱佳烨[11]采用揿针治疗 FD 患者 70 例，取内关、中脘等穴，埋针 1 天后出针，连续治疗 8 周，能够明显改善餐后饱胀、嗳气等症状，对依从性不高的 FD 患者适用性良好。电针结合针刺和电流刺激，对 FD 患者的临床症状缓解效果显著，且不良反应小；周丽等[12]人以电针刺激中脘穴、足三里穴（双侧）、太冲穴（双侧），与西药组作比较，电针组显效率为 68.09%，西药组显效率为 46.67%，电针组疗效明显高于西药。这些研究结果表明，针刺疗法在 FGIDs 治疗中具备显著效果。

2. 艾灸治疗

艾灸包括温和灸、热敏灸、雷火灸及隔物灸等。温和灸通过温热刺激，对 FD 患者的脑中枢即刻响应特征有调控作用，可改善餐后饱胀和疼痛。李丹[13]等研究采用温和灸足三里治疗 38 例 FD 患者，艾条距皮肤 4cm，持续 3 分钟，操作结束后进行静息态扫描，观察 FD 患者脑中枢即刻响应特征，结果发现温和灸可调控脑区活动，认为其疗效是通过抑制内脏敏感性和改善餐后饱胀、疼痛等感觉的阈值而产生。热敏灸则是对于敏感腧穴进行悬灸，改善 FD 患者临床症状和血浆胃动素水平的效果显著。王士源[14]等采用热敏灸双侧梁门、气海等穴治疗 FD 患者 28 例，对照组口服多潘立酮片，热敏灸组在改善临床症状和血浆胃动素水平方面优于对照组。雷火灸如大爆竹状，具有渗透力强、火力猛、见效快的特点，能够扩张血管，促进血液循环和提高人体免疫力。廖慧和陈小丽[15]对 35 例脾虚气滞型 FD 患者采用雷火灸联合自拟健脾方治疗，取中脘及双侧足三里穴，采用口服多潘立酮片治疗为对照组，经过 4 周疗程后，发现观察组在临床症状评分及复发率方面明显优于对照组。

3. 穴位注射

穴位注射是将药物、针刺、穴位多重作用效果相结合的一种复合性针灸疗法，能够发挥药物与穴位刺激的双重作用。魏蓉[16]采用复方当归注射液治疗 30 例脾胃虚弱型餐后不适综合征患者，注射穴位取双侧夹脊穴，经过 4 周的疗程，总有效率及症状积分改善效果均优于常规西药治疗。

4. 穴位埋线

现代研究表明，穴位埋线通过生理、物理及化学刺激的持续作用来改善胃肠功能。刘惠燕[17]等研究对 30 例 FD 患者进行透刺穴位治疗，将长约 1～2cm 的羊肠线埋入胃俞、中脘、足三里等穴位，最终临床总有效率为 93.3%。

5. 其他针刺

何娣[18]将合并焦虑抑郁的 FD 患者随机分为观察组和对照组，观察组采用经皮穴位电刺激治疗，取内关及足三里穴，对照组采用口服氟哌噻吨美利曲辛片治疗，结果发现经皮穴位电刺激疗法能够明显改善合并焦虑抑郁 FD 患者的餐后饱胀程度及焦虑抑郁症状。吴冬[19]等发现耳甲穴位表皮电针刺激迷走神经能够有效改善 FD 患者的胃肠动力及焦虑抑郁等症状，总有效率达 82.22%。

（三）针灸结合脑肠同调疗法治疗功能性胃肠病

近年来，诸多临床研究探讨了多种针灸相关疗法在治疗功能性胃肠病（FGID）中的效果，显示出良好的疗效和安全性。这些疗法不仅限于传统的针刺，还涵盖了艾灸、穴位注射、埋线、耳穴贴压等多种形式。这些治疗方法结合脑肠同调理论，进一步优化了 FGID 患者的治疗方案。

1. 针刺治疗

针刺治疗是 FGID 中最主要的疗法之一，具有悠久的历史，可以追溯到《黄帝内经》的记载。在治疗 FGID 时，针刺不仅能针对胃肠道的症状，还能通过调节脑肠轴的功能，改善情绪与心理状态。

（1）常用针刺方法　针刺主要包括毫针针刺和电针等操作方法，毫针针刺是通过将细针刺入特定腧穴来刺激神经和调整内脏器官的功能。电针是针刺结合电流刺激的一种新型治疗方式。通过电流的传导，电针不仅提高了刺激的强度，还能够持久地维持施加在腧穴上的效应，增加疗效的持久性。对于FGID患者，常用的腧穴如足三里、中脘和内关等能够显著改善胃肠道症状。这些穴位的选择在历史上就有相应的理论支持，从而突显出其对于脾胃和肝脏功能的调节作用。

（2）神经调节作用　针刺通过刺激特定穴位（如足三里、中脘、内关等），激活迷走神经通路，促进胃肠蠕动和消化液分泌，增强血液循环，使胃肠道的机能得到有效恢复。迷走神经作为脑肠轴和核心通路，其激活能够直接调节胃肠道的运动功能和内脏敏感性。研究表明，针刺能够降低肠道痛觉敏感性，缓解腹痛、腹胀等症状，这与针刺对中枢神经系统（如下丘脑、杏仁核）的调节密切相关。针刺信号上传至下丘脑和杏仁核等情绪调控中枢，通过调节CRF分泌和改变前额叶皮层认知功能，实现胃肠功能与情绪状态的协同改善。长期治疗还能诱导神经可塑性改变，使治疗效果持续稳定。

（3）神经递质调控　针刺能够通过刺激特定穴位（如足三里、百会、内关等），激活大脑内的关键区域（包括前额叶皮层、杏仁核、下丘脑等），从而调节脑肠轴中多种神经递质的动态平衡。研究表明，针刺可以显著提升5-羟色胺（5-HT）的合成与释放，不仅能够改善肠道运动功能，还能通过血脑屏障作用于中枢神经系统，缓解焦虑和抑郁情绪。同时，针刺对多巴胺（DA）的调节作用尤为突出，它能够激活中脑边缘多巴胺通路，增强动机和愉悦感，从而改善FGID患者常见的情绪低落症状。针刺还能促进γ-氨基丁酸（GABA）的分泌，这种重要的抑制性神经递质可以降低中枢神经系统的过度兴奋，减轻应激反应对胃肠功能的负面影响。这种多靶点的神经递质调节机制，使得针灸在改善FGID患者胃肠症状的同时，能够同步调节其心理状态，实现"脑-肠"互动的良性循环，为脑肠同调理论提供了重要的神经生物学依据。此外，针刺的这种调节作用可能与肠道菌群代谢产生的神经活性物质（如短链脂肪酸）存在协同效应，进一步丰富了我们对针灸调控脑肠轴机制的认识。

（4）抗炎与免疫调节　针刺通过多靶点调控机制显著抑制促炎细胞因子（如TNF-α、IL-6、IL-1β）的过度释放，同时促进抗炎因子（如IL-10）的表达，从而有效改善肠道低度炎症状态。这种抗炎效应通过以下途径实现：一方面，针刺刺激通过迷走神经的胆碱能抗炎通路，激活α7nAChR，抑制巨噬细胞的过度活化；另一方面，针刺调节下丘脑-垂体-肾上腺轴，促进糖皮质激素的适度分泌，发挥系统性抗炎作用。这种抗炎作用与脑肠轴中的免疫调节机制密切相关，为针灸治疗 FGID 提供了科学依据。

2. 艾灸治疗

艾灸是另一具有悠久历史的中医治疗手段，其通过施灸于特定腧穴，产生温热的刺激，对改善 FGID 具有良好的效果。经过多年的研究与实践，艾灸被证实在脑肠同调理论的框架下也具有显著的疗效。

（1）温热效应的作用　艾灸疗法利用艾条的温热效应能深入肌肉组织，改善局部血液循环，促进新陈代谢，并通过调节胃肠道功能发挥疗效。比较温和灸和强烈的灸法，前者在改善患者的舒适感方面尤为突出。艾灸对减轻胃肠道的炎症和疼痛反应具有重要作用，提升患者的整体生活质量。

（2）免疫调节　艾灸疗法通过脑肠轴双向调节机制发挥显著的免疫调控作用，其作用机制涉及神经-内分泌-免疫网络的复杂互动。在分子水平上，艾灸能显著降低促炎因子（TNF-α、IL-6、IL-1β）表达，同时提升抗炎因子（IL-10）水平，这种免疫平衡的改善是通过迷走神经胆碱能抗炎通路实现，其中 α7nAChR 受体的激活是关键环节。值得注意的是，艾灸的这种免疫调节具有"脑-肠"双向特征：一方面，中枢神经系统通过自主神经输出调控肠道免疫细胞活性；另一方面，肠道菌群和免疫状态的变化又通过迷走神经传入纤维反馈影响脑功能。这种双向互动使艾灸在改善 FGID 患者肠道症状的同时，还能缓解伴随的焦虑抑郁情绪。

（3）心理调节　艾灸疗法通过"身心同治"的整合调节模式和心理放松机制，降低焦虑感和抑郁水平。研究表明，艾灸可以显著提高脑内多巴胺和血清素的水平，改善患者的心理状态，从而进一步推动治疗效果的提升。此外，艾灸过程中产生的温和热刺激本身具有显著的放松效应，可诱导大脑 θ 波活动增强，这种类似于深度冥想状态的脑电改变，有助于患者减轻心理压力。

3. 穴位注射

穴位注射是一种将特定药物注射于腧穴中的治疗方式，通常使用中药提取物或者现代药物，精准注入特定腧穴，实现了"穴位刺激"与"药物作用"的协同效应，在调节胃肠运动方面展现出独特优势。相关研究发现，注射液体药物后，对症状的改善速度明显快于传统针刺或艾灸方式。

（1）快速起效　注射针的机械刺激可激活穴位区丰富的神经末梢和肥大细胞，促使 P 物质、降钙素基因相关肽等神经肽释放，产生类似传统针刺的神经调节作用。同时，注射药物在局部形成"药物库"，通过缓释作用持续影响穴位区，且药物成分可循经络感传现象向靶器官定向分布，与传统针刺或艾灸治疗相比起效更快，疗效持续时间更长。

（2）调控胃肠道功能修复　研究显示，穴位注射还可以促进细胞再生与修复，激活体内的自愈能力。这种修复作用与脑肠轴调控密切相关：一方面，注射药物通过穴位刺激激活迷走神经抗炎通路，抑制肠道局部炎症反应；另一方面，修复后的肠道通过迷走神经传入纤维向中枢传递正向信号，形成"外周修复-中枢调控-功能恢复"的良性循环。同时，穴位注射诱导产生的肠道组织修复可能具有一定的"记忆效应"，在停止治疗后，部分修复相关基因仍保持高表达水平，有助于维持治疗效果，降低疾病复发率。在 FGID 的患者中，这一机制有助于实现对肠道功能的长期改善，为脑肠同调提供持续的支持。

4. 穴位埋线

穴位埋线技术作为传统针灸疗法的现代化发展，通过将可吸收性羊肠线等植入特定穴位（如足三里、中脘、脾俞等），实现了对功能性胃肠病（FGID）的持续长效调节。

（1）持久刺激的效果　穴位埋线的核心治疗优势在于：埋入的生物可降解线体在穴位组织内形成"生物刺激源"，在渐进降解过程中，持续释放机械性、化学性和免疫性刺激信号。机械刺激持续激活穴位区机械敏感性离子通道，进而调节内脏感觉。同时，线体降解过程中产生的温和炎症反应可募集调节性 T 细胞，使肠道局部 IL-10 等抗炎因子水平升高。此外，埋线形成的"微型创伤修复"过程可诱导生长因子持续释放，促进肠神经-胶质细胞网络重构。因此，埋线能有效地促进胃肠道的功能恢复，并有助于提高直肠和肛门的排便功能。

（2）调节神经网络　穴位埋线疗法通过其独特的持续刺激特性，能够深度调节"脑-肠"双向神经通路，实现 FGID 的多层次调控。穴位埋线可激活迷走神经通路，影响神经递质的表达，诱导中枢神经系统发生功能性重塑，改善脑-肠的双向通信。穴位埋线不仅调节生理状态，还直接影响机体的神经网络，重建脑肠互动的稳态平衡，改善大脑对肠道的控制能力，从而实现更有效的脑肠同调。

5. 耳穴贴压

耳穴贴压法作为一种简单易行的治疗方式，通过刺激耳部的特定反射区，对胃肠道功能产生良好效果。耳廓分布着丰富的迷走神经耳支和枕小神经分支，这些神经纤维与脑干孤束核、迷走神经背核形成直接的神经连接。贴压耳穴（如神门、胃、交感）可通过神经反射调节胃肠功能和情绪状态。

（1）调节神经通路　耳穴贴压法能够通过耳部特定的神经信号调节脏腑的功能，产生的生物电信号可激活迷走神经耳支-孤束核-下丘脑通路，增加肠道平滑肌收缩频率；并抑制脊髓背角内脏痛觉传导，改善患者疼痛症状。此外，耳穴贴压对 FGID 伴随的情绪障碍同样具有调节作用，这主要是通过调节下丘脑-垂体-肾上腺轴功能，改善默认模式网络功能连接实现的。这种"一穴多效"的特点使耳穴贴压成为 FGID 综合管理的理想选择,为脑肠同调治疗提供了极具价值的非药物干预手段。

(2)便于自主疗法　耳穴贴压因其简便性和易于自我管理受到欢迎,在 FGID 的长期管理中展现出显著优势。患者可以随时进行耳穴贴压,帮助调整自身的生理和心理状态,减少焦虑感,促进胃肠功能的改善。耳穴贴压操作简便,患者可自行完成,这种"治疗主导权"的转移显著增强了患者的疾病管理信心,进一步优化心理-胃肠互动。这种将传统疗法与现代自我管理理念相结合的创新模式,不仅解决了 FGID 患者需长期干预的临床难题,更通过增强患者的自主调控能力,实现了"生理-心理-行为"的多维改善,为脑肠互动障碍的社区化管理和居家干预提供了理想方案。

(四)针灸脑肠同调治法的临床意义与展望

针灸通过脑肠同调治法治疗 FGID 展现出了显著的临床效果与广阔的应用前景。针灸能有效改善胃肠功能,缓解腹痛、腹胀等症状,同时通过调节情绪和增强免疫功能,显著提高患者的生活质量。各项临床研究表明,针灸治疗 FGID 的总有效率通常在 85%~95%,且不良反应发生率低于 5%。患者的生活质量评分(QOL)提升幅度能够达到 30%~40%($P<0.01$),反映出其良好的心理和生理双重效应,特别是在缓解焦虑和抑郁症状方面的应用尤为突出。

然而,针灸脑肠同调治法依然面临诸多挑战。首先,穴位选择和刺激参数的标准化程度尚不高,不同穴位组合和刺激方式可能影响疗效的一致性。其次,对于脑肠轴的靶点及机制的精确性等有待深入研究,例如针灸对肠道微生物群的直接影响目前尚无足够证据确认。最后,关于针灸在 FGID 治疗中的长期疗效缺乏系统性研究,如何优化和规范治疗方案亟须探索。

未来的研究方向可集中在以下几个方面,以进一步提升针灸在 FGID 治疗中的应用效果和科学性:

1)机制深化:结合脑成像技术(如 fMRI)和代谢组学,精准定位针灸在脑肠轴中的作用靶点,明确其对特定脑区和神经递质的影响。

2)临床验证:开展多中心、大样本随机对照试验,验证针灸在 FGID 中的长期疗效及安全性,优化穴位配伍方案以达到最佳效果。

3)微生态研究:探索针灸对肠道微生物群及其代谢产物的调节作用,揭示其在脑肠同调中的微生态机制。

4)联合治疗:将针灸与现代医学(如益生菌、心理治疗)结合,开发综合治疗策略,提升治疗效果。

（五）总结

针灸及相关疗法在治疗功能性胃肠病方面展现出显著的疗效及广泛应用的前景，通过结合脑肠同调理论的指导，可以更为全面地理解其治疗机制。总结高频穴位、穴位配伍及配穴原则，说明针灸能够有效调节胃肠功能，缓解腹痛、腹胀、消化不良等症状。此外，艾灸、穴位注射、穴位埋线等多种针灸相关疗法也为 FGID 的治疗提供了多样化的选择。临床研究表明，针灸不仅能够改善患者的生理症状，还能调节心理状态，提高生活质量。未来，随着针灸机制的进一步研究和临床实践的深入，针灸在功能性胃肠病治疗中的应用将更加广泛和精准，为患者带来更多的健康福祉。

参 考 文 献

[1] 刘松林，梅国强，赵映前，等. 功能性消化不良的中医临床辨证规律研究. 中国医药学报，2004，（8）：499-501.

[2] 张瑜，卜平，孔桂美，等. 肠易激综合征中医病证与肠胆囊收缩素、细胞癌基因 fos、P 物质的相关性. 中医杂志，2008，（9）：803-805.

[3] Di Rosa C，Altomare A，Terrigno V，Carbone F，Tack J，Cicala M，Guarino MPL. Constipation-Predominant Irritable Bowel Syndrome （IBS-C）：Effects of Different Nutritional Patterns on Intestinal Dysbiosis and Symptoms. Nutrients. 2023 Mar 28；15（7）：1647.

[4] 刘建乔，刘仍海，吴承东，等. 健脾疏肝丸治疗便秘型肠易激综合征肝郁气滞证临床疗效观察. 北京中医药，2023，42（4）：394-397.

[5] 张声生，魏玮，杨俭勤. 肠易激综合征中医诊疗专家共识意见（2017）. 中医杂志，2017，58（18）：1614-1620.

[6] 王倩影，苏晓兰，龚卓之，等. 魏玮基于"脑肠同调"治疗胃食管反流病经验. 北京中医药，2024，43（5）：495-498.

[7] 夏露轩，苏晓兰. 基于脑肠互动论治失眠的研究进展. 北京中医药，2024，43（1）：103-106.

[8] 陈鹏，陈爱萍. "老十针"治疗肝郁脾虚型功能性消化不良疗效观察. 中国针灸，2020，40（11）：1169-1171.

[9] 王国玲. 腹针治疗肝郁脾虚型功能性消化不良临床观察. 光明中医，2019，34（8）：1229-1231.

[10] 张绪峰，蒋丽元，王慧. 不同刺法针刺中脘穴治疗功能性消化不良疗效观察. 上海针灸杂志，2016，35（2）：141-143.

[11] 拱佳烨. 揿针埋针与电针疗法治疗功能性消化不良的临床疗效比较. 中国社区医师，2020，36（29）：101-102.

[12] 周丽，王丹，潘小丽，等. 电针治疗肝胃不和型功能性消化不良的临床疗效及对血清胃泌素、胃动素水平的影响. 实用医学杂志，2020，36（4）：538-542.

[13] 李丹，邹逸凡，刘灿，等. 温和灸功能性消化不良患者足三里的中枢即刻响应特征. 成都中医药大学学报，2018，41（1）：50-55.
[14] 王士源，徐亚莉，高原，等. 热敏灸治疗功能性消化不良疗效观察. 上海针灸杂志，2016，35（5）：538-540.
[15] 廖慧，陈小丽. 自拟健脾和胃方联合雷火灸治疗脾虚气滞型功能性消化不良疗效观察. 现代中西医结合杂志，2016，25（26）：2855-2857，2863.
[16] 魏蓉. 穴位注射夹脊穴治疗脾胃虚弱型餐后不适综合征的临床观察. 武汉：湖北中医药大学，2020［2025-03-18］.
[17] 刘惠燕，蒙珊，张梦珍，等. 以透刺穴位埋线为主治疗功能性消化不良的临床研究. 广州中医药大学学报，2019，36（4）：541-544.
[18] 何娣. 经皮穴位电刺激治疗合并焦虑抑郁 fd 患者的临床研究. 唐山：华北理工大学，2017［2025-03-18］.
[19] 吴冬，荣培晶，王宏才，等. 耳甲电针治疗功能性消化不良的临床效果. 世界中医药，2020，15（4）：627-631.

三、饮食疗法与生活方式调整

脑肠同调这一概念描述了大脑与肠道之间紧密而复杂的相互作用和影响。近年来，随着科学研究的深入，我们逐渐认识到肠道微生物群在脑肠轴中的关键作用。大脑和肠道，虽然位于身体的不同部位，但它们之间的连接却十分紧密。大脑通过神经信号发送指令，影响肠道的运动、分泌等功能；而肠道则通过释放各种生物活性物质，如神经递质、荷尔蒙等，向大脑传递信息。这种双向交流对于我们的情绪、认知和行为都有深远的影响。肠道微生物群是脑肠同调中的关键角色。这些微生物不仅参与消化过程，还通过影响神经递质的合成和释放来调节大脑功能。具体来说，肠道微生物群可以产生短链脂肪酸等代谢产物，这些物质可以通过肠脑轴影响中枢神经系统，进而影响我们的情绪、行为和认知能力。饮食和生活方式的调整是影响肠道微生物群组成和功能的重要因素。他们的调整可以影响肠道微生物群的组成和功能，从而改善脑肠健康和相关的健康问题。下面我们将分别从饮食与生活方式两个大的方面来分别叙述。

（一）饮食疗法

饮食疗法，也称为食疗，是指利用特定食物的性质和营养成分，通过调整饮食的方式和种类，来帮助改善健康状况、缓解疾病症状或促进健康恢复的一种治疗方法。食疗的基本原理在于，食物和药物一样，都有其独特的性质和功能，并且会因人而异，作用于机体内部的各个系统，有益于健康和疾病康复。在食疗过程中，针对不同病情和体质选择合适的食材进行烹调烹饪，将药物作为食物来摄取，以达到防治疾病的目的。食疗不仅有助于治疗疾病，还能改善身体的营养状况和提高机体免疫力。此外，饮食疗法也可以作为一种预防疾病和促进健康的重要手段。对于正常人来说，饮食均衡、营养丰富、多样化是保持身体健康的基础。因此，饮食疗法是一种全面而有效的自然疗法方式。

我们则可以通过调整饮食来改善肠道微生物群和脑肠健康，可以分为以下几个方面：

1. 增加膳食纤维的摄入

多吃蔬菜、水果和全谷类食物等富含纤维的食物，有助于促进肠道微生物的生长和多样性。这些纤维可以为肠道中的有益菌提供食物，从而增加它们在肠道中的比例。

2. 保持饮食平衡

饮食多样化，保证摄入足够的蛋白质、脂肪、碳水化合物等营养素，有助于维持肠道微生物群的平衡。同时，避免过度摄入高糖、高脂、高盐、高刺激性的食物，以免对肠道微生物群造成负面影响。

3. 适量摄入益生菌和发酵食品

多吃酸奶、酸菜、豆腐乳等富含益生菌和发酵食品，有助于增加肠道有益菌的数量和种类，改善肠道微生物群的平衡。这些食品中的益生菌可以促进肠道蠕动，改善便秘症状，同时有助于调节免疫系统，改善情绪和精神状态。

4. 保持适量水分摄入

充足的水分摄入有助于软化粪便，促进肠道蠕动，预防便秘等症状。同时，水分摄入也有助于维持肠道微生物群的平衡。

5. 适量摄入抗氧化食物

多吃富含抗氧化物质的食物，如蓝莓、绿茶等，有助于减轻肠道炎症和氧化应激，保护肠道健康。

6. 注意饮食习惯

定时定量进餐，避免暴饮暴食和过度饥饿，有助于维持肠道微生物群的稳定。此外，避免过快进食和过度咀嚼，进食一顿饭的速度控制在 20 分钟，并且充分咀嚼食物有助于消化和吸收营养，减轻肠道负担。

饮食疗法在脑肠同调中扮演着重要的角色。相较于其他治疗方式，饮食疗法具有成本低廉、不良反应小的优势。此外，通过调整饮食结构，可以改变肠道微生物群的组成，从而影响大脑的功能和代谢，进而对多种疾病的发生、发展和转归产生影响。多项研究表明，饮食疗法可以改变疾病的活动度，甚至在一定程度上缓解疾病。例如，富含膳食纤维的饮食可以改善肠道微生物群的组成，从而减轻炎症反应和氧化应激，对炎症性肠病、糖尿病、肥胖等疾病具有一定的治疗作用。富含 omega-3 脂肪酸的饮食可以改善大脑的功能和代谢，对抑郁症、阿尔茨海默病等疾病具有一定的治疗作用。

总之，饮食疗法在脑肠同调中具有重要的地位，可以通过改变肠道微生物群的组成和功能，影响大脑的功能和代谢，从而对多种疾病的发生、发展和转归产生影响。因此，我们应该注意饮食结构的调整，以维持肠道微生物群和脑肠健康。

（二）生活方式的调整

近年来，随着科技的飞速发展和社会的不断进步，现代人的生活方式发生了翻天覆地的变化。我们越来越依赖电子设备和互联网，工作和娱乐方式也变得更加多样化和便捷化。然而，这些改变也给我们的健康带来了一系列的挑战。

一方面，现代人的工作方式和生活节奏变得更加紧张和快节奏，导致了许多健康问题的出现。例如，长时间的坐姿和缺乏运动容易导致肥胖、心血管疾病和肌肉骨骼疾病等健康问题。此外，现代人的饮食也变得更加不规律和不健康，过度依赖高热量、高脂肪和高糖分的食物，导致了肥胖、糖尿病和心血管疾病等健康问题的高发。

另一方面，现代人的生活方式也导致了心理健康问题的增加。例如，长时间的电子设备使用和社交媒体的使用容易导致眼睛疲劳、颈椎病和焦虑、抑郁等健康问题。此外，现代人的社交方式也变得更加单一和孤立，缺乏面对面的交流和社交活动，导致了孤独感和社交焦虑等心理健康问题的高发。

这些问题说明了拥有一个良好的生活方式的重要性，拥有一个良好的生活方式对个人的健康状况有着重要影响。合理的饮食、适量的运动、充足的睡眠和减少压力等健康的生活方式能够预防疾病的发生，提高身体的免疫力，维护身体健康。生活方式也会影响个人的心理状态。积极的生活方式、良好的社交关系和正面的心态有助于缓解焦虑、压力等心理问题，提高心理健康水平。健康的生活方式和良好的心理状态能够提高个人的工作效率和生产力。疲惫的身体和不良的心态会导致工作效率下降，影响职业发展。生活方式也会影响个人的社交关系和社会融入。健康、积极的生活方式能够吸引更多志同道合的人，形成良好的社交圈，增强社会支持感。此外，生活方式是个人形象和价值观的体现。通过选择健康、积极的生活方式，个人能够塑造积极向上的形象，传递正能量，体现自己的价值观。

我们可以通过生活方式的调整来进一步影响肠道微生物群和脑肠健康。生活方式的变化可以影响脑肠轴的功能状态，即影响大脑和肠道之间的信息传递和互动。不健康的饮食、压力和焦虑等不良的生活方式可能导致脑肠轴失衡，出现一系列的身体不适和心理问题。而调整生活方式，如通过饮食疗法、运动、放松等方式，有助于改善脑肠轴的功能状态，促进大脑和肠道之间的平衡。

1. 运动是人生命活力的来源

适当的运动可以促进肠道健康，改善肠道微生物群平衡，缓解便秘、腹泻等肠道问题。其次，运动有助于促进身体的新陈代谢和循环，增加身体细胞的氧气和营养物质供应，提高身体的免疫力。此外，运动也有助于促进神经递质的释放和平衡，缓解压力和焦虑等心理问题，提高心理健康水平。最重要的是，运动能够改善大脑的认知功能和结构可塑性，增强记忆力、学习力和创新力等方面的表现。因此，运动对脑肠同调非常重要，有益于身心健康。

2. 充足的睡眠是基本保证

睡眠的重要性不容忽视。睡眠是人体进行自我修复和恢复的重要过程，它有助于维持身体健康、心理健康和认知功能。充足的睡眠可以保护免疫系统，促进身体的新陈代谢和生长激素的分泌，有助于身体的修复和生长。此外，睡眠还有助于调节身体的应激反应和情绪状态，缓解压力和焦虑等心理问题。睡眠与脑肠同调有着密切的联系。

首先，良好的睡眠质量有助于维持脑肠轴的功能平衡。脑肠轴是大脑和肠道之间的信息交流和互动通道，它涉及一系列神经、内分泌和免疫系统的活动。充足的睡眠可以促进脑肠轴的正常运作，有助于调节肠道功能和心理状态。

其次，睡眠不足或睡眠质量差可能导致脑肠轴失衡，引发一系列健康问题。长期睡眠不足会影响大脑的认知功能和情绪调节能力，导致注意力不集中、记忆力下降、情绪波动等问题。同时，睡眠不足还可能影响肠道微生物群的平衡，引发肠道问题，如便秘、腹泻等。

此外，睡眠质量与饮食和消化系统健康也有关联。充足的睡眠有助于消化系统的正常运作，提高食物的消化和吸收能力。长期睡眠不足可能导致消化系统问题，如胃痛、胃酸过多等。

因此，保持良好的睡眠质量对于维持脑肠同调至关重要。通过保持良好的睡眠习惯，如定时作息、避免夜间过度饮食和应激等，可以有助于维持脑肠轴的功能平衡，促进身心健康。

3. 适度放松是强有力的安慰剂

压力和焦虑是现代生活中常见的心理问题。压力是指个体在面对工作、学习、生活等外部要求时，由于应对需求超过了个体的应对能力而产生的紧张和不适感。而焦虑则是一种情绪体验，表现为过度担心、不安、恐惧和紧张等。压力和焦虑会影响个体的身心健康和生活质量。长期承受压力和焦虑会导致身体出现各种不适症状，如头痛、失眠、胃痛等。此外，过度的压力和焦虑还会影响个体的心理健康，导致情绪低落、自卑、烦躁等问题。为了缓解压力和焦虑，可以采取多种方式，如冥想、呼吸练习、良好的社交关系等。这些方式可以帮助个体放松身心，缓解压力，提高心理健康水平。此外，寻求专业的心理咨询和治疗也是解决压力和焦虑问题的重要途径。

压力和焦虑与脑肠轴之间存在着密切的联系。压力、焦虑等负面情绪会影响脑肠轴的功能平衡，导致肠道微生物群失衡、肠道炎症等问题，进而影响身体的健康。同时，肠道问题也可能引发心理压力和焦虑情绪。为了处理压力和焦虑与脑肠轴的联系，可以采取放松训练：如冥想、呼吸练习等，有助于缓解身心的紧张和焦虑情绪，促进脑肠轴的功能平衡。如果压力和焦虑情绪严重影响到日常生活和工作，建议及时寻求专业的心理咨询和治疗，获得更加有效的帮助和支持。

脑肠同调为我们提供了一个全新的视角来认识大脑与肠道之间的相互作用和影响。而肠道微生物群在这一过程中起着重要的作用。通过深入了解脑肠同调机制，我们可以采取适当的措施来维护脑肠健康，促进身体健康和心理健康。饮食疗法和生活方式的调整可以通过改善肠道微生物群和脑肠健康来改善相关的健康问题。例如，改善肠道健康可以缓解便秘、腹泻、肠易激综合征等肠道问题，改善情绪和认知功能可以缓解抑郁、焦虑、认知障碍等问题。因此，我们应该注意饮食和生活方式的调整，以维持肠道微生物群和脑肠健康。

饮食和生活方式的调整并不是一蹴而就的，而是需要在日常生活中的不断尝试和探索，才能找到最适合自己的生活方式。我们需要注意食物的种类和摄入量，保持饮食的规律和均衡；同时，我们还需要注意运动、休息和压力管理，保持身体和心理的健康和活力。只有这样，我们才能更好地应对生活中的各种挑战，保持身心健康。

第五章 总结与展望

第一节 脑肠同调在中医中的地位与未来发展

一、脑肠同调在中医中的地位

1. 理论创新

脑肠同调理念是中医传统理论与现代科学理念相结合的产物。它突破了中医从肝、脾、肾治疗胃肠疾病的局限,从核心病机把握疾病,体现了现代中医病证结合多靶点的治疗优势。

魏玮教授等中医专家在传承传统中医理论的基础上,结合多年临床实践,提出了"调枢通胃"的现代中医学理论,为脑肠同调提供了坚实的理论基础。

2. 临床实践

脑肠同调治则治法在功能性胃肠病(FGID)等脑肠互动异常疾病的治疗中取得了显著疗效。通过调节肠道与大脑之间的双向沟通,改善肠道功能和不良心理状态,从而缓解患者症状。

中医针灸、中药等治疗方法在脑肠同调中发挥着重要作用。针灸可以刺激特定穴位,调节气血运行;中药则通过多靶点、多途径的作用机制,改善肠道微生态和脑肠轴功能。

3. 学科交叉

脑肠同调理念促进了中医学与神经科学、微生物组学、遗传学等多学科的交叉融合。这种交叉融合为中医的发展注入了新的活力,推动了中医现代化、国际化的进程。

二、脑肠同调的未来发展

1. 深入研究

随着现代科技的不断进步，对脑肠轴、肠道微生物群落等的研究将更加深入。这将为脑肠同调提供更加精确的理论依据和治疗方法。

未来将加强对脑肠同调相关疾病的发病机制、诊断标准、治疗方法等方面的研究，推动中医在该领域的不断发展。

2. 技术创新

纳米技术、基因编辑技术等现代科技手段的应用，将为脑肠同调提供新的治疗方法和手段。例如，纳米搭载中药有效成分进入活体内，可能实现更加精准的治疗。

人工智能、大数据等技术的应用，将推动中医诊疗的智能化、精准化。通过收集和分析患者的症状、体征等数据，为脑肠同调提供更加个性化的治疗方案。

3. 国际化发展

随着中医在国际上的认可度不断提高，脑肠同调理念也将逐渐走向世界。未来将有更多的国际学者和医疗机构加入到脑肠同调的研究和应用中来，推动中医在全球范围内的传播和发展。

4. 政策支持

国家对中医药事业的重视和支持，将为脑肠同调的未来发展提供有力保障。通过加强中医药科研、教育、临床等方面的投入，推动中医在该领域的不断创新和发展。

第二节　中西医结合在脑肠同调研究中的前景

中西医结合在脑肠同调研究中展示了独特的优势和广阔的应用前景，结合了中医和西医各自的理论和治疗方法，有望深化对脑肠轴机制的理解，提高治疗效果，并推动个性化医疗的发展。本文将从理论基础、临床应用、科研进展及未来发展方向等几个方面探讨中西医结合在脑肠同调研究中的前景。

一、理论基础与适用性

（一）中医理论的补充与延展

中医强调整体观念、气血阴阳平衡及情志调节，能够提供对脑肠轴整体调节的独特视角，这一视角与西医分析和治疗脑肠轴的方法有所不同，主要体现在以下几个方面：

1. 气血阴阳的平衡与调节

中医强调人体内部的气血阴阳平衡，认为这是维持健康的基础。在脑肠轴功能调节中，中医注重通过调节气血的运行和阴阳的平衡来影响脑肠的功能状态。例如，情绪波动或饮食不节会影响气血运行，导致脑肠功能失调。因此，中医治疗通常包括调节情志、饮食调节和针灸等方法，旨在恢复气血阴阳的平衡，从而促进脑肠轴的健康。

2. 脏腑相互关系的理解

中医将人体内脏视为一个有机整体，强调脏腑间的相互关系和调和作用。脑肠轴被视为脾胃与心肝之间复杂的互动关系，其中脾胃主导消化吸收功能，心肝主导情绪调节，二者通过气血运行和情志调节相互影响。例如，消化不良可能会导致情绪不稳定，情绪波动也可能影响胃肠功能，这种相互关系在中医治疗中被视为调节脑肠轴的重要路径之一。

3. 情志与脑肠功能的关系

中医强调情志对脑肠功能的直接影响。情志在中医理论中被视为影响气血运行的重要因素，不同的情绪状态会对脑肠轴产生不同的影响。例如，愤怒易伤肝，忧思易伤脾，情绪不畅则易导致胃肠不适。中医通过情志调理、精神调养等方法来调节情绪，从而达到平衡脑肠功能的目的。

4. 经络系统的调控作用

中医认为经络系统是气血运行的通道，也是人体各脏腑器官之间相互联系的重要途径。针灸作为中医的重要治疗方法，通过在特定的穴位上施加刺激，可以调节经络的通畅性，促进气血的平衡运行，进而影响脑肠轴的功能状态。

中医的整体观念为脑肠轴整体调节提供了独特的视角，强调了气血阴阳平衡、脏腑相互关系、情志调节和经络系统的调控作用。这些理念与西医的分子生物学和神经调控技术相辅相成，共同丰富了对脑肠轴功能调节的理解和治疗手段，为促进脑肠健康提供了多元化和综合性的治疗方案。

（二）西医科学的精细化和量化分析

西医的神经生物学、分子生物学和影像学技术等科学技术在脑肠同调研究中发挥着重要作用，通过这些先进技术能够深入研究脑肠轴的分子机制和神经调控网络。这些科学手段提供了高分辨率、实时的生理和病理数据，有助于精确分析疾病发生发展的机制，以下是各技术在该领域中的具体应用：

1. 神经生物学技术的应用

（1）神经元活动和神经传导调控　神经生物学技术如单细胞记录、多通道电生理记录等，能够实时监测和记录神经元的活动模式和电信号传导。在脑肠轴研究中，这些技术被用来研究脑干、迷走神经、副交感神经和肠道内神经元的活动变化，揭示其在消化功能、炎症反应和感觉传递中的作用。

（2）神经调节网络的解剖和功能分析　结合功能性磁共振成像（fMRI）等技术，可以非侵入性地研究脑肠轴的神经调节网络。这些成像技术能够显示大脑和肠道之间的功能连接和信息传递路径，帮助识别神经调节过程中的异常模式和神经传导的变化，为疾病机制的理解提供重要线索。

2. 分子生物学技术的应用

（1）分子信号传导途径的研究　分子生物学技术如 PCR、Western blot、基因表达分析等，可以研究脑肠轴中涉及的各种信号传导途径和分子机制。例如，通过分析神经递质、神经肽及其受体在神经元和肠道细胞中的表达和调节，揭示其在脑肠功能调节中的作用机制。

（2）基因组学和转录组学的应用　利用基因组学和转录组学技术，可以广泛分析脑肠轴中的基因表达谱和转录组变化。这些技术有助于识别与脑肠功能调节相关的潜在基因标志物和调控网络，为个体化治疗和精准医学提供基础。

3. 影像学技术的应用

（1）结构和功能性影像学技术　结构性影像学技术如 MRI 和 CT 扫描，能够提供大脑和胃肠道的高分辨率结构图像，帮助识别脑肠轴相关疾病中的解剖结构异常和器官形态学变化。功能性影像学技术如 fMRI、PET 和 SPECT 则能够评估脑部和肠道的功能活动，揭示神经调节网络在疾病状态下的功能性改变。

（2）脑电图和胃肠电生理记录　脑电图（EEG）和胃肠电生理记录可以实时监测和记录大脑电活动和胃肠道电活动的变化。这些技术有助于评估脑肠轴的电生理状态，探索其在健康和疾病中的动态变化和功能调节机制。

西医的神经生物学、分子生物学和影像学技术在脑肠同调研究中的应用，不仅丰富了对脑肠轴功能调节机制的理解，还为开发新的诊断方法和治疗策略提供了科学依据和技术支持。这些技术的进步和应用将进一步推动脑肠相关疾病的个性化治疗和精准医学的发展。

二、临床应用的实践与案例

（一）中西药物的联合应用

中药和西药在治疗脑肠轴相关疾病时的联合应用，充分发挥了中西医两种不同医学体系的治疗理念和药物优势，特别是在治疗功能性胃肠疾病等方面显示出良好的协同效应，可以达到互补作用和综合治疗的效果。以下是几个关键点和例子。

1. 药物的作用机制和优势

（1）中药的作用机制　中药常常以多成分、多靶点的方式综合调节人体的生理状态，例如通过调节气血、阴阳平衡、调整脏腑功能等，对脑肠轴相关疾病有整体性的调节作用。

（2）西药的作用机制　西药通常以单一活性成分针对特定的生物分子、受体或传导途径进行干预，例如通过神经调节药物、免疫抑制剂等直接影响神经-内分泌-免疫网络，从而改善脑肠轴的功能状态。

2. 联合应用的优势

（1）互补作用　中西药物在治疗脑肠轴相关疾病时，可以通过互补的作用机制，覆盖更广泛的治疗靶点和病理机制，提高治疗效果。例如，中药通过调节气血、增强体质，配合西药抑制炎症反应、调节神经递质水平，共同达到综合治疗的效果。

（2）减少副作用　联合应用可以有效减少药物的剂量和使用频率，减少单一药物可能带来的副作用和耐药性问题，同时提高患者的治疗依从性和生活质量。

3. 典型应用

（1）功能性胃肠病（功能性消化不良、肠易激综合征）　中药可以通过调节脾胃功能、平衡气血，改善消化功能和症状；西药则可以使用抗胃酸药物、消化酶替代治疗等，以缓解胃肠道的症状和不适感。

（2）炎症性肠病（如克罗恩病、溃疡性结肠炎）　中药可以通过清热解毒、调节免疫功能，减少炎症反应；西药则使用免疫抑制剂、抗炎药物等控制病情发展，减少病复发率。

4. 临床实践与研究进展

（1）临床实践　在临床上，中西药物联合应用需要根据具体疾病的特点和患者的个体情况进行个性化调整和监测。医生需要结合病情严重程度、病史、合并症等因素，制定合理的治疗方案和药物使用策略。

（2）研究进展　目前有关中西药物联合治疗脑肠轴相关疾病的研究不断深入，尤其是在药物作用机制的探索、联合应用的优化策略和临床效果的评估方面，为将来的治疗指南和个性化医疗提供科学依据。

中西药物在治疗脑肠轴相关疾病时的联合应用，充分发挥了两种药物的治疗优势和作用机制的互补性，为提高治疗效果和患者生活质量提供了新的可能性和方向。

（二）针灸和神经调控技术的结合应用

针灸作为中医的重要治疗手段，与西医的神经调控技术（如深部脑刺激）结合应用，可以更精准地调节脑肠轴功能。这种结合不仅能够改善症状，还有助于恢复脑肠轴的正常功能状态。以下是针灸与深部脑刺激结合应用的几个关键点。

1. 针灸在脑肠调节中的作用

针灸作为中医传统疗法，通过在特定的穴位上施加刺激，可以调节气血运行、平衡阴阳、调整脏腑功能等，从而影响整体的生理和病理状态。在脑肠轴功能调节中，针灸可以通过以下几个方面发挥作用：

（1）调节神经递质水平　针刺可以通过神经递质的释放和调节，影响中枢神经系统对胃肠道的调控，从而改善胃肠运动功能和消化吸收能力。

（2）改善血液循环　针灸可以促进局部血液循环，改善组织供氧和营养状态，有助于恢复受损的胃肠黏膜功能。

（3）调节免疫功能　针灸的作用可以调节机体的免疫功能，降低炎症反应，有利于缓解炎性肠病等免疫相关的胃肠疾病。

2. 神经调控技术在脑肠轴调节中的作用

神经调控技术如深部脑刺激（deep brain stimulation，DBS）、经皮神经电刺激（transcutaneous electrical nerve stimulation，TENS）等，通过直接作用于大脑或外周神经系统，精确地调节神经功能，可以在脑肠轴相关疾病治疗中发挥重要作用。

（1）精确调节神经网络　深部脑刺激（DBS）是一种通过在大脑特定区域植入电极，定向刺激神经元活动的治疗方法。DBS被广泛应用于帕金森病、抑郁症等神经系统疾病，其原理是通过调节神经网络的活动，改变相关症状的表现。因此，DBS能够精确刺激大脑特定区域，调节神经元的活动，对精神状态、情绪调控等具有深远影响，改善情绪不稳定对胃肠功能的负面影响。

（2）调节疼痛感知　PNS等技术可以通过刺激或阻滞特定的神经纤维，减少胃肠疼痛和不适感，改善患者的生活质量。

（3）控制自主神经系统　神经调控技术能够影响自主神经系统的平衡，调节交感神经和副交感神经的活动，从而影响胃肠道的运动和分泌功能。

3. 联合应用的优势和临床应用

（1）互补作用与综合效果　针灸和神经调控技术在治疗脑肠轴相关疾病时，互补作用明显。针灸作为温和、安全的治疗方法，可以减少药物使用的需求和相关副作用。此外，针灸还可以通过经络调理和神经递质调节综合作用，影响中枢神经系统的信号传递和调节，而神经调控技术则直接作用于特定的脑区，调节神经元的放电活动，通过增强或抑制神经网络的功能，更加精确地调节脑肠轴的功能状态。两者联合不仅可以在作用范围上互补，而且还可以显著提升综合治疗效果。

（2）个性化治疗策略　联合应用需要根据患者的具体病情、病史和身体状况进行个性化治疗策略的制定。目前，针灸对胃肠功能的调节与DBS对中枢神经系统的精准干预，共同应用于功能性胃肠病、炎症性肠病、胃食管反流病等疾病的治疗中，有望提供更为全面和个性化的治疗方案。例如，临床医生可以根据症状的严重程度和具体类型，选择合适的针灸方案和神经调控技术。

针灸与神经调控技术的联合应用在治疗脑肠轴相关疾病中具有显著的优势和潜力，为患者提供了更为综合和个性化的治疗选择，促进脑肠健康的综合管理。

（三）科研进展与未来发展方向

中西医结合治疗脑肠轴疾病的科研进展和未来发展方向涉及多个领域，包括理论探索、临床应用、技术创新和教育推广等。以下是一些主要的进展和展望。

1. 科研进展

（1）理论探索与整合　①脑肠轴理论深化研究：逐渐明确脑肠轴在神经、免疫、内分泌和微生物层面的相互作用机制。中医的脏腑理论与现代医学的神经-内分泌调控理论相结合，为治疗提供了新的理论基础。②分子生物学研究：运用分子生物学和基因组学技术，探索脑肠轴相关疾病的分子标志物和病理生理机制，为个性化治疗和精准医疗提供理论支持。

（2）临床研究与效果评估　①临床试验与多中心研究：开展多中心临床试验，

评估中西医结合治疗在脑肠轴疾病中的安全性和有效性。重点关注长期治疗效果和患者生活质量的改善。②系统评估和 Meta 分析：综合分析多项研究数据，评估不同治疗方案的综合效果，为制定治疗指南和政策提供科学依据。

2. 未来发展方向

（1）临床转化与实际应用　中西医结合在脑肠同调研究中的关键挑战之一是如何将科研成果有效地转化为临床实践。需要进一步开展大规模的临床试验，验证治疗策略的有效性和安全性，为脑肠相关疾病的治疗提供更为可靠的依据。未来需要我们增加高水平的临床试验和效果评估，如多中心、大样本的 RCT 试验等，系统评估中西医结合治疗在脑肠轴疾病中的安全性、有效性及长期效果。特别关注治疗的持续时间和延续效果，验证临床实践中的有效治疗策略。此外，我们还应该加速整合跨学科资源和跨学科团队，强化医生、科学家、工程师及数据分析师之间的协作，整合跨学科资源和技术优势，推动中西医结合治疗的跨界创新和实用化。

（2）个性化医疗与精准治疗　发展基于个体特征和分子生物学标志物的个性化治疗策略，实现治疗方案的精准化和针对性，提高治疗效果和预后。例如，我们可以基于病人的个体特征、遗传背景、生活方式及病情表现，开发更加个体化的中西医结合治疗方案。利用基因组学、转录组学等高通量技术，定制针对性更强的治疗策略和药物组合，提高治疗效果和患者生活质量。

（3）多模态治疗策略　结合针灸、中药、营养干预、行为疗法等多种治疗手段，制定综合性、个性化的脑肠轴疾病治疗方案，提升综合治疗效果。

（4）大数据与人工智能应用　运用大数据分析和人工智能技术，挖掘临床数据中的模式和趋势，优化治疗方案和预测患者疾病进展，推动智能化医疗决策。

（5）教育与科普推广　加强医务人员和公众对脑肠轴疾病及其治疗的理解和认知，推广健康生活方式和个性化治疗的重要性，提升治疗的接受度和效果。

（6）国际合作与政策支持　加强国际在脑肠轴疾病治疗领域的学术交流与合作，共享研究成果和治疗经验，推动全球脑肠健康的进步。政策支持和资源投入必不可少，政府和医疗机构应增加对中西医结合治疗脑肠轴疾病的政策支持和资源投入，促进治疗技术的转化和应用，支持创新研究和实验性治疗。

（四）结论

中西医结合在脑肠同调研究中展现了广阔的应用前景和深远的社会意义。通过整合中西医的优势，可以更全面、更有效地理解和干预脑肠轴的相关疾病，为患者提供个性化、精准的治疗方案。中西医结合治疗脑肠轴疾病的未来发展或将侧重于科研理论的深化与整合、技术创新的推广与应用、个性化医疗策略的实施以及教育普及的加强等方面，随着科技和理论的不断进步，相信中西医结合将在脑肠同调研究领域发挥越来越重要的作用，为人类健康做出更大的贡献。

第三节 从脑肠同调理论到"脑体同调"假说
——疑难病诊治思维的拓展

一、"脑体同调"假说的研究背景和目的

（一）研究背景

1. 脑肠同调理论的发展

脑肠同调理论强调脑与肠道之间的紧密联系，涵盖中医心脑与脏腑功能和西医脑肠神经、内分泌、免疫、微生物等维度。这一理论认为，脑与肠道之间的相互作用不仅影响消化系统的功能，还与情绪、认知等精神心理活动密切相关。

例如，胃食管反流病（GERD）患者常伴有焦虑、抑郁等情绪障碍，而这些情绪障碍又会进一步加重胃食管反流的症状。

基于长期的临床实践，我们发现中枢神经系统（脑）与身体各器官系统（体）的发病存在密切关系，这使我们意识到疾病诊治需要有跨器官、跨系统模式的认知，这对指导临床实践具有重要意义，也是"脑体同调"假说的理论基础。

2. 跨学科研究的推动

近年来，神经科学、内分泌学、免疫学等领域的研究不断揭示脑与身体其他系统的相互作用。例如，taVNS 技术被证实可以有效调控心脏功能、脂肪含量、血糖稳态、胃肠运作及免疫功能等多个方面。

这些研究为脑体同调假说的提出提供了坚实的理论基础，表明脑不仅通过神经、内分泌、免疫等途径调节肠道功能，还可能通过类似机制调节身体其他系统的功能。

3. 临床实践的需求

在临床实践中，越来越多的证据表明，单一系统的治疗往往难以取得理想效果。例如，在治疗消化系统疾病时，结合脑-肠轴的调节可以达到更好的治疗效果。

这种整体观念不仅符合中医的传统理念，也与现代医学的循证原则相契合，强调个性化、全方位的调理。

（二）研究目的

1. 探索脑体同调的具体机制

通过多学科合作，深入研究脑与全身各系统之间的神经、内分泌、免疫等调节机制，揭示脑体同调的具体路径和信号分子。

例如，研究脑如何通过迷走神经等自主神经系统调节心脏、胃肠等器官的功能，以及通过内分泌系统调节糖脂代谢和免疫反应。

2. 拓展脑体同调的应用范围

基于脑体同调假说，探索其在多种慢性疾病（如心血管疾病、呼吸系统疾病、免疫系统疾病等）诊疗中的潜在应用，提出通过调节脑功能来改善全身症状的新思路。

例如，通过 EEG、fMRI 等技术监测脑功能的变化，预测和预防全身疾病的发生。

3. 促进全身健康的管理

强调脑体同调在健康管理中的应用价值，提出通过综合调节脑与全身各系统的功能，实现更加全面的健康管理。

例如，通过心理疏导与情绪管理，结合良好的饮食习惯、规律的生活作息和适度的运动，实现脑体同调，提升整体健康水平。

（三）全身健康中的潜在重要性

1. 疾病预防与治疗

脑体同调假说为多种慢性疾病的预防和治疗提供了新的视角。通过调节脑功能，可以改善全身各系统的功能状态，从而预防和治疗多种疾病。

例如，通过 taVNS 技术调节迷走神经，可以有效改善糖尿病伴抑郁、功能性消化不良、肠易激综合征等中枢-外周共病的症状。

2. 健康管理与促进

脑体同调假说强调了脑与全身各系统的整体调节作用，为健康管理提供了新的方法和手段。通过监测脑功能的变化，可以及时发现潜在的健康问题，并采取相应的干预措施。

例如，通过心理疏导和情绪管理，结合良好的生活习惯，可以实现脑体同调，提升整体健康水平。

3. 跨学科研究的推动

脑体同调假说的提出，将进一步推动神经科学、内分泌学、免疫学等多学科的交叉研究，为解决复杂的健康问题提供新的思路和方法。

例如，通过研究脑与免疫系统之间的相互作用，可以为免疫相关疾病的治疗提供新的靶点和策略。

脑体同调假说不仅为理解脑与全身各系统之间的相互作用提供了新的理论框架，还为疾病的预防和治疗、健康管理与促进提供了新的方法和手段，具有重要的科学和临床意义。

二、"脑体同调"假说的提出

（一）假说定义

脑体同调假说正式提出，定义其为脑与全身各系统之间通过神经、内分泌、免疫等途径的协同调节机制。这一假说认为，脑不仅通过神经、内分泌、免疫等途径调节肠道功能，还通过类似机制调节身体其他系统的功能，从而实现全身各系统的整体协调和平衡。

（二）理论依据

1. 神经调节

神经系统通过自主神经系统（交感神经和副交感神经）调节全身各器官的功能。例如，交感神经的激活会导致心跳加快、血压升高，而副交感神经的激活则有助于消化和吸收。

研究表明，脑与心脏、胃肠等器官之间存在密切的神经联系。例如，taVNS 技术被证实可以有效调控心脏功能、胃肠运作等多个方面。

2. 内分泌调节

脑通过内分泌系统调节全身的代谢和生理功能。例如，HPA 轴的激活会导致皮质醇的分泌，影响身体的应激反应。

研究发现，神经和内分泌系统的活动具有周期性变化，如睡眠、多种神经肽及激素的分泌节律等。这些周期性现象起源于机体神经内分泌节律活动，尤其是 HPA 轴系的功能活动。

3. 免疫调节

脑与免疫系统之间通过神经递质和细胞因子等信号分子进行相互作用。例如，脑源性神经营养因子（brain-derived neurotrophic factor，BDNF）不仅对神经细胞的生长和分化有重要作用，还参与免疫调节。

研究表明，免疫系统的活动也具有周期性变化，如小鼠的外周血中和脾内淋巴细胞数目有明显的昼夜节律，其变化与小鼠活动规律相一致，表现为白昼降低，夜晚上升。这一变化由肾上腺糖皮质激素分泌所介导。

4. 跨学科研究成果

近年来，神经科学、内分泌学、免疫学等领域的研究不断揭示脑与身体其他系统的相互作用。例如，北理工联合牛津大学团队的研究表明，交叉频率耦合技术可以反演认知/记忆任务、睡眠，以及帕金森病、癫痫和阿尔茨海默病等神经系统疾病的电生理机制。

另一项研究通过超扫描技术发现，个体间在实时互动中会产生脑间同步现象，这种同步性与行为、情绪和思维的同步密切相关。

5. 脑肠同调理论的拓展

脑肠同调理论是脑体同调假说的重要基础，强调脑与肠道之间的紧密联系，涵盖中医心脑与脏腑功能和西医脑肠神经、内分泌、免疫、微生物等维度。

例如，胃食管反流病患者常伴有焦虑、抑郁等情绪障碍，而这些情绪障碍又会进一步加重胃食管反流的症状。

综上所述，脑体同调假说的提出基于已有的跨学科研究成果，强调脑与全身各系统之间的协同调节机制，为理解全身健康提供了新的理论框架。

三、脑体同调假说的应用前景

（一）疾病诊疗

1. 心血管疾病

（1）机制探讨　心血管疾病与脑功能失调密切相关。例如，焦虑和抑郁等情绪障碍常伴随心血管疾病，这些情绪障碍可能通过激活 HPA 轴导致皮质醇水平升高，进而影响心血管系统的功能。

（2）临床应用　通过调节脑功能，如采用 taVNS 技术，可以有效改善心血管疾病的症状。taVNS 技术通过刺激迷走神经，调节自主神经系统，降低交感神经的过度激活，从而减轻心血管负担。

2. 呼吸系统疾病

（1）机制探讨　呼吸系统疾病如慢性咳嗽、哮喘等，常伴有焦虑和抑郁等情绪障碍，这些情绪障碍可能通过影响自主神经系统的平衡，导致呼吸功能紊乱。

（2）临床应用　通过心理疏导和情绪管理，结合 taVNS 等神经调控技术，可以有效改善呼吸系统疾病的症状。例如，taVNS 技术可以调节迷走神经，降低交感神经的过度激活，从而减轻呼吸系统的负担。

3. 免疫系统疾病

（1）机制探讨　免疫系统疾病如自身免疫性疾病、慢性炎症等，常伴有焦虑和抑郁等情绪障碍，这些情绪障碍可能通过影响免疫系统的功能，导致炎症反应加剧。

（2）临床应用　通过调节脑功能，如采用心理疏导和情绪管理，结合 taVNS 等神经调控技术，可以有效改善免疫系统疾病的症状。例如，taVNS 技术可以调节迷走神经，降低交感神经的过度激活，从而减轻免疫系统的负担。

（二）健康管理

1. 监测脑功能变化

（1）技术手段　通过 EEG、fMRI 等技术监测脑功能的变化，可以及时发现潜在的健康问题。例如，EEG 可以检测到脑电活动的异常变化，fMRI 可以观察到脑血流和代谢的变化。

（2）应用实例　在健康管理中，定期进行脑功能监测，可以提前发现焦虑、抑郁等情绪障碍的迹象，及时采取干预措施，预防心血管疾病、呼吸系统疾病等的发生。

2. 预防全身疾病

（1）机制探讨　通过调节脑功能，可以改善全身各系统的功能状态，从而预防多种慢性疾病的发生。例如，通过心理疏导和情绪管理，结合良好的生活习惯，可以实现脑体同调，提升整体健康水平。

（2）应用实例　在健康管理中，通过心理疏导和情绪管理，结合 taVNS 等神经调控技术，可以有效预防心血管疾病、呼吸系统疾病等的发生。例如，定期进行 taVNS 治疗，可以调节自主神经系统，降低交感神经的过度激活，从而减轻心血管和呼吸系统的负担。

3. 个性化健康管理

（1）机制探讨　基于脑体同调假说，可以为每个人制定个性化的健康管理方案。通过监测脑功能的变化，结合个体的生活习惯、饮食结构、运动习惯等，制定针对性的干预措施。

（2）应用实例　在健康管理中，通过定期监测脑功能的变化，结合个体的生活习惯，制定个性化的健康管理方案。例如，对于有焦虑和抑郁倾向的个体，可以采用心理疏导和情绪管理，结合 taVNS 等神经调控技术，进行针对性的干预。

脑体同调假说在疾病诊疗和健康管理中具有广阔的应用前景。通过调节脑功能，可以有效改善全身各系统的功能状态，从而预防和治疗多种慢性疾病。同时，通过监测脑功能的变化，可以及时发现潜在的健康问题，制定个性化的健康管理方案，提升整体健康水平。

四、脑体同调假说的研究方法与技术手段

（一）多学科合作

脑体同调假说的研究需要神经科学、内分泌学、免疫学、临床医学等多学科的协作。这种跨学科的研究方法不仅能够全面揭示脑与全身各系统之间的复杂相互作用，还能为疾病的诊断和治疗提供更精准的策略。

1. 神经科学

通过研究神经系统的结构和功能，揭示脑与身体各系统之间的神经连接和信号传递机制。例如，光遗传技术可以用来精确激活特定神经元群体，观察其对靶器官功能的影响。

2. 内分泌学

研究内分泌系统如何通过激素调节身体的代谢和生理功能。例如，通过检测激素水平的变化，可以了解脑与内分泌系统之间的相互作用。

3. 免疫学

探讨免疫系统与神经系统的相互作用，以及这种相互作用如何影响身体健康。例如，免疫细胞分析可以揭示免疫系统在脑体同调中的作用。

4. 临床医学

将基础研究的成果应用于临床实践，通过临床试验验证脑体同调假说的有效性，并探索其在疾病治疗中的应用前景。

（二）技术手段

为了深入研究脑体同调，多种技术手段被广泛应用，这些技术手段涵盖了从

分子水平到系统水平的多个层面。

1. 脑电图（EEG）

EEG 能够提供高时间分辨率的神经活动测量，揭示脑电活动的特征。例如，在意识障碍的研究中，EEG 可以用于监测 DOC 患者的脑电图特征。

2. 功能性磁共振成像（fMRI）

fMRI 用于评估脑区的代谢活动，帮助识别意识恢复的潜在迹象。例如，在研究脑功能活动时，fMRI 可以用于静息态或任务态下的脑活动监测。

3. 激素水平检测

通过检测血液中激素的水平，了解内分泌系统的变化。例如，在研究应激反应时，可以通过检测皮质醇水平来评估 HPA 轴的激活程度。

4. 免疫细胞分析

通过分析免疫细胞的数量和活性，了解免疫系统的变化。例如，在研究免疫系统与神经系统相互作用时，可以通过检测特定免疫细胞的表达来评估免疫反应。

（三）结论

脑体同调假说的研究需要多学科的协作，通过综合运用多种技术手段，可以全面揭示脑与全身各系统之间的复杂相互作用。这种跨学科的研究方法不仅有助于深入理解脑体同调的机制，还能为疾病的诊断和治疗提供新的思路和方法。

第四节 挑战与展望

一、研究挑战

（一）复杂的生物系统

1. 多系统交互

脑体同调假说涉及脑与全身各系统之间的复杂交互，包括神经、内分泌、免疫等多个系统。这些系统的交互机制尚未完全明确，增加了研究的复杂性。

2. 个体差异

不同个体在生理、心理和环境因素上的差异，导致对脑体同调干预的反应存在显著差异。这种个体差异使得研究结果的普适性受到限制。

（二）技术限制

1. 神经调控技术

尽管神经调控技术如 taVNS 等在脑体同调研究中显示出潜力，但这些技术在实际应用中仍面临挑战。例如，taVNS 技术的能量供给有限，且其刺激效果和确切的调控机制仍需进一步研究。

2. 实时反馈系统

目前大多数神经调控技术采用开环刺激，无法实时获取反馈并灵活调整刺激参数。这种局限性限制了神经调控技术在个体化治疗中的应用。

（三）研究方法的局限性

1. 样本量和可重复性

脑体同调研究需要采用更大的样本量，以提高测量的可靠性和有效性。此外，研究的可重复性和泛化性问题也需要关注，以确保研究结果的可靠性和普适性。

2. 跨学科合作的挑战

脑体同调假说的研究需要神经科学、内分泌学、免疫学、临床医学等多学科的协作。然而，跨学科合作在实际操作中面临诸多挑战，如不同学科之间的沟通障碍和研究方法的差异。

二、未来展望

（一）研究方向

1. 高级脑功能的神经机制

未来的研究可以进一步探索高级脑功能的神经机制，特别是如何通过脑体同调机制实现多脑区的协同工作。

2. 脑体同调的分子基础

研究脑体同调的分子基础，如神经递质、受体和信号通路在脑体同调中的作用，有助于揭示其潜在的生物学机制。

（二）应用领域

1. 疾病治疗

脑体同调假说在多种慢性疾病的治疗中具有潜在应用价值，如心血管疾病、呼吸系统疾病和免疫系统疾病。通过调节脑功能，可以改善全身症状，提高治疗效果。

2. 健康管理

基于脑体同调假说，可以开发新的健康管理方法，如通过监测脑功能变化预测和预防全身疾病的发生。这种方法可以实现个性化的健康管理，提高整体健康水平。

（三）技术发展

1. 小型化和非侵入性设备

随着功能材料的商品化，小型化和非侵入性的神经调控设备将得到更广泛的应用。这些设备可以实现微侵入性和非侵入性神经调控，减少患者的痛苦。

2. 闭环神经调控技术

闭环神经调控技术的发展将使实时反馈和个体化治疗成为可能。这种技术可以根据患者的大脑活动实时调整刺激参数，提高治疗效果。

（四）跨学科合作的深化

1. 综合研究方法

未来的研究需要进一步深化跨学科合作，采用综合的研究方法，如结合神经科学、内分泌学、免疫学和临床医学的研究成果，全面揭示脑体同调的机制。

2. 开放科学实践

倡导程序透明、数据公开的开放科学实践，有助于提高研究的可重复性和泛化性，促进脑体同调研究的快速发展。

总的来说，脑体同调假说在医学和健康领域具有广阔的应用前景。尽管研究中面临诸多挑战，但通过跨学科合作和技术发展，未来有望在疾病治疗和健康管理中取得重大突破。

第五节　总结与呼吁

一、全身健康中的潜在重要性

（一）疾病预防与治疗

脑体同调假说为多种慢性疾病的预防和治疗提供了新的视角。通过调节脑功能，可以改善全身各系统的功能状态，从而预防和治疗多种疾病。

（二）健康管理与促进

脑体同调假说强调了脑与全身各系统的整体调节作用，为健康管理提供了新的方法和手段。通过监测脑功能的变化，可以及时发现潜在的健康问题，并采取相应的干预措施。

（三）跨学科研究的推动

脑体同调假说的提出，将进一步推动神经科学、内分泌学、免疫学等多学科的交叉研究，为解决复杂的健康问题提供新的思路和方法。

二、呼吁更多的研究者关注脑体同调假说

脑体同调假说的提出，为理解脑与全身各系统之间的相互作用提供了新的理论框架，具有重要的科学和临床意义。我们呼吁更多的研究者关注这一领域，共同推动脑体同调假说的研究进展，为人类健康事业作出贡献。

（一）共同推动研究进展

1. 多学科合作

脑体同调假说的研究需要神经科学、内分泌学、免疫学、临床医学等多学科的协作。我们呼吁不同学科的研究者加强合作，共同探索脑体同调的机制和应用。

2. 技术创新

我们呼吁研究者开发和应用新的技术手段，如 EEG、fMRI、激素水平检测、

免疫细胞分析等,以便更全面地揭示脑体同调的机制。

3. 临床应用

我们呼吁临床医生关注脑体同调假说的研究进展,将其应用于疾病的诊断和治疗中,为患者提供更精准的医疗服务。

(二)为人类健康事业作出贡献

脑体同调假说的研究不仅有助于深入理解脑与全身各系统之间的复杂相互作用,还能为疾病的预防和治疗提供新的思路和方法。我们呼吁更多的研究者加入这一领域,共同推动脑体同调假说的研究进展,为人类健康事业作出贡献。